AF245640

DIX ANS

SUR

LES FRONTIÈRES DU SUD DE LA CHINE

ET DU TONKIN

DE 1896 A 1906

Mémoire justificatif de la créance

De M. G. BERTRAND

INGÉNIEUR CONSEIL DE S. E. LE MARÉCHAL SOU

Sur le Gouvernement Français et sur le Gouvernement Chinois

NOTA. — *Les annexes indiquées dans le texte ont été réunies dans une seconde brochure ; elles contiennent la copie de documents officiels et confidentiels, choisis parmi ceux que l'auteur a reçus pendant les dix années qu'il a passées sur les frontières du Tonkin.*

PARIS

—

1906

DIX ANS

SUR

LES FRONTIÈRES DU SUD DE LA CHINE

ET DU TONKIN

DE 1896 A 1906

DIX ANS

SUR

LES FRONTIÈRES DU SUD DE LA CHINE

ET DU TONKIN

DE 1896 A 1906

Mémoire justificatif de la créance

De M. G. BERTRAND

INGÉNIEUR CONSEIL DE S. E. LE MARÉCHAL SOU

Sur le Gouvernement Français et sur le Gouvernement Chinois

NOTA. — *Les annexes indiquées dans le texte ont été réunies dans une seconde brochure ; elles contiennent la copie de documents officiels et confidentiels, choisis parmi ceux que l'auteur a reçus pendant les dix années qu'il a passées sur les frontières du Tonkin.*

PARIS

—

1906

INTRODUCTION

Sur toute la frontière nord du Tonkin s'étend un pays montagneux et pauvre, c'est la province chinoise du Kwang-Sı. Une des particularités de cette province, c'est l'existence d'un nombre incalculable de grottes qui s'enfoncent sous les massifs calcaires, à des profondeurs et sur une étendue considérables. De tous temps, ces grottes inexplorées ont servi de refuges aux criminels et aux exilés de l'Empire Chinois.

La configuration du pays ne permet pas de cultiver sur de grandes étendues ; ce n'est que dans les étroites vallées resserrées entre les massifs de la région que les habitants peuvent récolter le riz indispensable à leur existence.Aussi, dans les années de sécheresse fréquentes, dès que la production diminue, voit-on éclater des famines qui provoquent des troubles. Ces famines sont rendues plus terribles encore par l'absence de voies de communication avec le Tonkin ; car, s'il existe par la rivière des Perles un moyen de transports avec la province de Kwang-Tong, il ne faut pas oublier que cette dernière est elle-même souvent privée de récoltes.

Ainsi donc, une population spéciale, une surface de terres labourables restreinte, des conditions climatériques défectueuses, l'absence de moyens de communication avec le pays producteur de riz le plus voisin, engendrent un état de troubles pour ainsi dire permanent.

Jusqu'à l'arrivée des Français au Tonkin, la Cour de Pékin se désintéressait de cette province. Les villages qui s'étaient formés à proximité des grottes ou près des ruisseaux les plus importants étaient régis suivant des règles spéciales.

Le chef, élu par les habitants, était seul en rapports peu suivis, du reste, avec les autorités de la province, nommées par le Vice-Roi des deux Kwangs.

L'administration se sentait si peu maîtresse du pays, qu'elle n'avait jamais pu percevoir d'impôts dans toute cette région. Les véritables maîtres étaient les chefs des bandes pirates qui pullulaient au Kwang-Si et qui tenaient sous leur domination un certain nombre de villages dont les chefs étaient leurs propres lieutenants.

Survenait-il des troubles dans une région voisine, comme le Tonkin ou le Yun-Nan, ou bien, la disette, la misère obligeait-elle les habitants à chercher d'autres moyens d'existence, les bandes pirates se renforçaient et constituaient un danger sérieux pour les pays producteurs. C'est pour cela que cette province du Kwang-Si fut toujours si recherchée des chefs pirates pour le recrutement de leurs hommes.

Avant la guerre franco-chinoise de 1885, la Chine n'entretenait aucune force militaire sérieuse dans ce pays situé aux confins de l'Empire, qui était ainsi livré à lui-même ; aussi, pour lutter contre nous, la Cour de Pékin dut-elle rassembler, vers Long-Tchéou, une armée formée de contingents pris dans les provinces chinoises limitrophes : Hou-Nan, Kwang-Tong, Kouei-Chow. Pour appuyer l'effort de l'armée régulière, le général chinois Phong, sous lequel servit Sou-Yuen-Chouen (futur Maréchal Sou), dut faire appel aux pirates de la région. Ceux-ci, commandés par leurs chefs respectifs, se groupèrent sous le commandement de Liéou-Win-Foc. Ce sont les auxiliaires que les Français connaissent sous le nom de « Pavillons Noirs ».

Le traité de Tientsin signé, une partie des Pavillons Noirs accepta de rester à la solde du général chinois et de tenir garnison dans ses camps. L'autre partie reprit sa liberté et continua à tenir campagne dans le Nord du Tonkin, entre Moncay et Cao-Bang.

La France, qui avait abattu la puissance de la Cour d'Annam et obligé la Chine à lui reconnaître des droits sur le Tonkin, eut à faire, dès lors, une guerre de guerillas contre ces bandes armées soutenues, en sous-mains, par la Cour de Hué et celle de Pékin.

Pour mettre un terme à ces luttes ruineuses qui gênaient son organisation économique, la nouvelle colonie dut prendre à sa solde les chefs principaux qui tenaient campagne dans le territoire même du Tonkin et leur assigner des fiefs; notamment: Deo-Wan-Tri sur la rivière Noire, Luong-Tam-Ki à Cho-Chu, le Dé-Tham au Yen-Thé. *Ces chefs exercent encore leurs droits à l'heure actuelle et ne restent tranquilles que parce que nous observons les conventions passées avec eux.*

Mais, pour avoir au Tonkin une tranquillité réelle, il était indispensable, en outre, de s'assurer le concours bienveillant de l'autorité chinoise des territoires frontières. Or, sous l'administration du général Phong, les incursions des bandes furent si fréquentes, que la France dut intervenir à Pékin pour obtenir le rappel de ce général chinois et son remplacement sur la frontière par le général Sou.

Chargé par l'Empereur d'assurer la sécurité et la garde des frontières Sino-Annamites, le général Sou procéda à l'organisation de ses troupes, à l'établissement de ses camps, à la construction des ouvrages de protection. Il recruta une partie de ses soldats parmi les pirates et, du coup, réduisit l'importance des bandes et s'adjoignit des gens connaissant parfaitement le pays et la tactique des bandes armées. Il établit des postes frontières, des camps de concentration et d'approvisionnements et commença à lutter contre la piraterie.

Mais le défaut d'entente entre les autorités militaires françaises et chinoises, joint à l'irrégularité du paiement de la solde des troupes impériales, rendit ses efforts presque stériles. Les résultats obtenus de 1885 à 1897 pour pacifier les frontières furent en effet insignifiants, comme en témoignent les pertes en hommes et les dépenses considérables qu'eut à supporter la colonie française. On s'en rendit si bien compte en France, que M. Bons d'Anty, consul à Long-Tchéou, port chinois nouvellement ouvert dans la province du Kwang-Si, provoqua une entrevue du Gouverneur général de l'Indo-Chine et du Général Sou; mais, ce ne fut qu'après l'arrivée de M. Doumer que la politique d'entente fut réellement poursuivie et donna de bons résultats.

Une des réelles difficultés à l'entente complète entre les deux autorités voisines avait été, jusqu'à mon arrivée, l'impossibilité de trouver un intermédiaire français qui eût véritablement la confiance des Chinois et sur la neutralité duquel ils pussent se reposer entièrement. Or, ma situation auprès du Maréchal Sou (1), comme ingénieur conseil, me permit d'être cet intermédiaire; et, si ma seule qualité de français avait pu engager ce mandarin à certaines réserves, les rapports que nous eûmes ensemble firent peu à peu disparaître toute méfiance. Grâce à la connaissance que j'avais de la langue mandarine et de la langue cantonaise, grâce aussi à celle que j'avais des mœurs chinoises, les autorités françaises et le Maréchal eurent toutes garanties pour l'interprétation scrupuleuse de leurs idées et de leurs sentiments.

A la suite de graves incidents de frontière, je fus amené à entrer en rapports directs avec les autorités militaires françaises qui reconnurent le bénéfice de mon intervention et m'accordèrent leur confiance. M. Doumer, gouverneur général, mis au courant par les Colonels de Joux et Lefèvre, — aujourd'hui généraux de brigade, — des événements de la frontière et des services qu'à cette occasion je rendais à la colonie, comprit les avantages que l'Indo-Chine pourrait retirer de ma situation auprès du Maréchal Sou pour assurer une entente absolue entre les autorités des deux pays. Par ses entretiens, par ses lettres, et par les encouragements qu'il faisait transmettre par les Commandants supérieurs des Territoires Militaires, le Gouverneur Général de l'Indo-Chine me donna l'appui moral pour amener le Maréchal à adopter ses vues politiques et pour lutter sans défaillance dans les moments critiques.

L'entente établie, une des difficultés à la pacification du

1. Le Général Sou, en récompense des services rendus à la Cour Impériale, avait été nommé : Vice-gardien de l'Héritier Présomptif, ce qui lui donnait droit au titre de Maréchal et au port de la robe Impériale.

pays était le retard apporté au règlement de la solde des réguliers chinois. Pour parer à cet inconvénient, confiant dans les relations existantes entre les autorités françaises et chinoises, je dus faire, en maintes circonstances, des avances au Maréchal Sou, ce qui lui permit de supporter plus facilement l'animosité que nourrissaient toujours contre lui les Vice-Rois de Canton, et de tenir constamment ses troupes en mains.

Survinrent les affaires de Kwang-Tchéou-Wang; je fus appelé par le Maréchal Sou pour la délimitation des frontières de cette possession, dont l'avait chargé son gouvernement à la demande de la France. Malgré les dangers et les dépenses qu'allaient m'occasionner ces opérations, je cédai aux instances du Gouvernement général qui fit appel à mon patriotisme pour épargner à la Patrie des frais considérables et peut-être du sang. Je fis cette délimitation avec l'Amiral Courrejoles, à l'entière satisfaction de la France; mais le Maréchal Sou, qui s'était rendu à mes désirs, se créa des inimitiés implacables et perdit à jamais la confiance de son gouvernement. Revenu au Kwang-Si, il ne pouvait désormais compter que sur le Gouvernement français pour le maintenir dans son commandement. A deux reprises, ses ennemis parvinrent à obtenir son rappel à la Cour de Pékin, mais la France, fidèle aux responsabilités morales qu'elle avait assumées, obtint l'annulation des décrets impériaux.

Les difficultés pécuniaires dans lesquelles le Maréchal Sou se débattait avant la signature de la convention de Kwang-Tchéou-Wang devinrent de plus en plus grandes; je dus faire de nouvelles avances pour assurer le paiement des troupes de la frontière, et comme le Vice-Roi de Canton, soutenu par les ennemis de Sou, remettait indéfiniment le remboursement de celles faites par le Maréchal pour la construction des ouvrages de défense et l'envoi de la solde des troupes, je ne pus rentrer dans mes fonds.

C'est dans ces circonstances qu'éclata la révolte des « Boxeurs » en 1900. Toutes relations cessèrent entre le Maréchal Sou et le Pouvoir Central; le Vice-Roi de Canton en profita pour persévérer dans son hostilité et pour priver le généralissime du Kwang-Si de tout subside. La Chine entière était en révolution, il était à craindre que si le Maréchal était obligé de licencier ses troupes, les Sociétés secrètes n'enrôlassent ses soldats et ne missent le Kwang-Si à feu et à sang. Or, les troubles de cette province auraient eu un retentissement immédiat au Tonkin ; dès lors, on conçoit facilement le haut intérêt que la France avait à assurer le paiement de la solde des troupes de la frontière. Nous gardions à notre disposition une force imposante et nous privions d'auxiliaires les sociétés hostiles. C'est pour cela que le gouvernement de l'Indo-Chine avança au Maréchal Sou, à titre de prêt, deux cent mille piastres, (juillet 1900), ce qui lui permit de payer l'arriéré des soldes et d'entraîner avec lui une partie de ses troupes guerroyer sur les frontières du Yunnan et du Kouéï-Chow.

Pendant les quinze mois que dura cette campagne, je fus chargé du commandement du camp retranché et de la police de la frontière, c'est à ce moment que j'eus à faire face aux difficultés que suscita la famine qui désola le Kwang-Si. Les horreurs de ce fléau atteignirent un point qu'une imagination française ne peut concevoir. Dans certains marchés chinois on débitait de la chair humaine.

Pour conserver sous mon autorité les douze cents soldats de la frontière ; laissés par le Maréchal, il me fallait assurer leur subsistance et il m'était impossible de songer à me procurer du riz dans la province. Le Maréchal Sou avait épuisé depuis longtemps les avances de l'Indo-Chine et le trésorier du camp se trouvait sans argent ; je me rendis au Tonkin, et, après en avoir entretenu M. Doumer, je décidai quelques amis à me prêter la somme nécessaire pour l'acquisition du riz dont j'avais besoin. J'avais confiance dans l'appui que jusqu'à ce moment le Gouvernement français avait donné au Maréchal, et j'étais certain que cet appui persistant et la situation politique et économique du Kwang-Si se modifiant, le Commandant des forces de cette province serait en état, lorsqu'il toucherait les arriérés de solde et de travaux militaires que lui devait son gouvernement, de rembourser à mes amis et à moi-même les sommes qu'il avait empruntées.

Durant tous les troubles des « Boxeurs », qui désolèrent la Chine, grâce aux fonds mis à la disposition du Maréchal Sou par l'Indo-Chine et par moi, la frontière fut le point le plus tranquille de l'Empire, et un Consul général de France put écrire, avec raison, *que pendant qu'on s'égorgeait à Pékin, on s'embrassait au Kwang-Si.*

La tranquillité de cette province attira les rebelles des provinces avoisinantes ; du Yunnan, des bandes descendirent au Kwang-Si et au Tonkin et il fallut prendre de sérieuses mesures pour arrêter l'invasion qui se préparait. Une entente s'établit entre le Gouvernement général de l'Indo-Chine et le Généralissime Chinois pour organiser une colonne mixte et cerner les bandes installées dans les montagnes du Lou-Kou. Je partis pour cette colonne où j'eus la satisfaction de rendre à nouveau des services à mon pays.

Le Maréchal, surmené par les campagnes incessantes qui depuis huit mois le retenaient au dehors de son camp sur les frontières du Yunnan-Kouéï-Chow, n'eut ni le temps ni les moyens de rembourser ce qu'il devait.

Malheureusement la fatigue de cette dernière colonne, mes responsabilités et mes soucis, altérèrent profondément ma santé. J'informai le Gouvernement général de l'Indo-Chine et le Consul de France à Longtchéou de mon intention de rentrer dans ma patrie, et, pour cela, de provoquer le règlement de mon compte avec le Maréchal.

C'est dans ces circonstances que le Gouvernement général, qui sentait l'importance capitale de mon rôle sur la frontière, insista pour me faire rester auprès du haut mandarin que je guidais de mes conseils depuis des années. Je reçus du consul de France une lettre officielle dont j'extrais quelques passages :

« A plusieurs reprises, j'ai eu l'occasion d'entretenir le « Département des Affaires Étrangères, notre Légation à « Pékin et le Gouvernement général de l'Indo-Chine de votre « situation à Pin-Shhiang et des importants services que

« vous avez rendus à notre pays, notamment pendant ce
« derniers mois.

« J'ai la satisfaction de pouvoir vous annoncer officielle-
« ment que M. Doumer a apprécié si vivement le concours
« dévoué que vous apportez à la cause française dans cette
« région frontière, que, par une communication émanant du
« Gouvernement général et datée du 16 courant, j'ai été
« autorisé à vous dire formellement, que vous avez été pro-
« posé pour le grade de chevalier de la Légion d'honneur
« au mois d'octobre dernier. Cette proposition vient d'être
« tout récemment renouvelée par M. Doumer. »

« Je vous félicite. . . . . . etc. . . . .

« . . . .

« Je suis d'ailleurs persuadé, Monsieur, que de votre côté,
« vous n'hésiterez pas à poursuivre jusqu'au bout la tâche
« qui vous incombe, de par votre délicate situation, et qui
« vous vaudra, je n'en doute pas, une distinction méritée. »

« Il est certain que la démarche que je vais faire auprès de
« M. Beau (1) aurait bien plus de poids si je pouvais y join-
« dre l'assurance formelle que vous continuerez à guider de
« vos conseils, aussi longtemps que l'exigeront les circons-
« tances que nous traversons actuellement, le haut fonction-
« naire chinois auprès duquel vous avez une incontestable
« influence. »

« Bien que je sois convaincu à l'avance que tels sont vos
« sentiments, je serais personnellement heureux, d'autre part,
« de pouvoir faire connaître, d'une façon certaine, à M. le
« Gouverneur général de l'Indo-Chine, que nous pourrons
« compter plus que jamais, à l'avenir, sur votre persévérance
« et votre dévouement dans l'accomplissement de votre tâche
« à la fois si utile aux intérêts communs franco-chinois dans
« cette partie de l'Empire. »

. . . .

« En ce qui concerne votre situation pécuniaire, puisque

---

1. M. Beau était, en 1901, Ministre de France à Pékin, et le Consul de
Longtchéou insistait auprès de lui, pour que je reçoive du Gouvernement Français, la récompense de mes services.

« vous avez la chance de pouvoir faire face avec votre fortune
« personnelle aux grosses avances dont vous m'avez parlé,
« je pense qu'il vaut mieux vous armer de patience afin de
« ne pas compromettre prématurément, peut-être, une situa-
« tion qui peut brusquement devenir bien meilleure et dans
« laquelle vous rendez à notre gouvernement des services
« signalés qui sont justement appréciés, croyez-le bien. »

. . . .

« Pour qui connaît la Chine, une situation qui paraît abso-
« lument mauvaise un jour, peut le lendemain devenir excel-
« lente et vous ne pourrez que gagner à rester auprès du
« haut personnage que vous guidez de vos conseils depuis
« plusieurs années. »

. . . .

« Je crois d'ailleurs, pouvoir vous donner l'assurance que,
« quoi qu'il arrive, vos intérêts seront sauvegardés. Je suis
« également autorisé à vous dire que l'appui du Gouverne-
« ment général ne vous fera pas défaut, le cas échéant. »

« Personnellement, j'ajoute, qu'à mon sens, vous n'avez
« pas lieu de vous inquiéter de votre situation matérielle au
« sujet de laquelle vous m'avez exposé verbalement et par
« écrit certaines considérations, le contrat bilatéral enregis-
« tré en la chancellerie de ce Consulat qui vous lie au Maré-
« chal Sou est très catégorique. »

. . . .

« Je me permets toutefois d'exprimer l'avis qu'une action
« quelconque, dans le sens sous-entendu ci-dessus serait peut-
« être prématurée actuellement *surtout dans votre propre*
« *intérêt.* »

Devant une aussi flatteuse insistance et en présence de
l'assurance que mes intérêts pécuniaires seraient sauvegardés, quoi qu'il arrive, et la promesse que je serais enfin
récompensé de ce que je faisais et de ce que je ferais à nouveau, je voulus donner une preuve nouvelle de mon dévouement à la cause française ; je restai à mon poste.

Cette résolution m'a été néfaste, car c'est d'elle que découle
ma situation présente. Alors qu'à cette époque j'avais en face

de moi le Maréchal Sou, homme puissant par sa situation, par ses relations et par l'appui que lui assurait et lui donnait le Gouvernement français, je n'ai plus aujourd'hui, qu'un homme déchu, abandonné par la France, exilé aux confins du Gobi dans le Turkestan et ruiné, ainsi que toute sa famille, jusqu'au dernier sou, par la rapacité de la Cour Impériale. C'est dire que la résolution que j'ai prise en 1901, sur les instances et sur les promesses du Gouvernement français, sera la cause de ma ruine si je ne trouve dans le Gouvernement de la République la haute probité et l'équité nécessaires pour sanctionner les responsabilités prises à cette époque.

Dès que M. Beau eut succédé à M. Doumer, la politique française sur les frontières changea du tout au tout. Le Maréchal qui, jusque-là, avait été soutenu par nous et notamment par M. Beau, en février 1902, lorsqu'il était ministre à Pékin, fût rappelé à la demande de ce même M. Beau sur les représentations de M. Dubail, son successeur en Chine.

La Cour Impériale, qui depuis des années et principalement depuis Kwang-Tchéou-Wang voulait destituer le Maréchal Sou, profita de la liberté inespérée que la France lui laissait pour mettre ce mandarin en accusation, l'incarcérer et le condamner à mort. Et si l'ancien généralissime du Kwang-Si a pu avoir la tête sauve, cela est dû aussi bien à sa propre énergie qu'à l'intervention de M. Doumer à Paris, car notre ministre à Pékin ne s'est occupé réellement de celui que l'amitié et la protection de la France avaient mis dans cette situation extrême, que le jour où, après avoir reçu du Ministère des Affaires Étrangères l'ordre réitéré d'intervenir auprès de la Cour Impériale en faveur de Sou, l'ex-Maréchal lui eut envoyé, par ses amis, sa croix de Commandeur de la Légion d'honneur en lui demandant si la France laisserait avilir l'homme qui avait été si hautement distingué par le Gouvernement de la République.

Si, à ce moment, M. Dubail n'avait pas craint de compromettre ses relations personnelles avec un personnage de la Cour, en insistant pour obtenir la grâce complète de l'ami de la France et ainsi conserver intact le prestige de notre pays, aujourd'hui, le Maréchal serait libre, hors d'atteinte de ses ennemis et peut-être remis en possession de ses titres et dignités.

Les conséquences de l'attitude de la France envers Sou, qui s'était compromis pour elle, se firent rapidement sentir au Kwang-Si. Son successeur, pour satisfaire au désir de la Cour et du Vice-Roi de Canton, traqua sans merci les partisans de l'ancien généralissime dévoué à la France ; c'était, en définitive, ceux qui patronnaient hautement notre influence dans cette partie de la Chine. A Nanning-Fou, il fit exécuter les officiers d'ordonnance qui avaient accompagné si souvent l'ex-maréchal Sou dans ses visites au Tonkin, et ses principaux capitaines. Les autres, qui conservèrent la vie, en voyant que la France abandonnait ainsi ses amis, conservent une haine qui ne s'éteindra qu'avec eux. A l'heure actuelle, l'influence japonaise a remplacé la nôtre aux portes de notre Colonie Indo-Chinoise ; et par ce fait que nous nous sommes aliéné à jamais nos partisans les plus convaincus, il est permis de craindre que le mal que nous a causé notre conduite politique contradictoire au Kwang-Si ne soit irréparable.

En ce qui me concerne, l'attitude de M. Beau m'a fait perdre toute possibilité d'obtenir du Maréchal Sou le remboursement des sommes que mes amis et moi lui avions avancées pour payer et nourrir ses troupes. Cependant, le Tonkin et la France ont profité, aux dires des Gouverneurs généraux et des Consuls de la République, des sommes que j'ai avancées au Commandant des Armées du Kwang-Si, car ce n'est que grâce à mon intervention que la tranquillité a pu être maintenue dans cette province et, par là-même, sur les frontières de notre possession tonkinoise.

J'ai confiance dans les Représentants de la République pour le reconnaître, et pour que, — si je n'obtiens pas la récompense des services que j'ai rendus, — je ne sois pas ruiné et perdu à jamais pour avoir été utile à mon pays.

G. BERTRAND.

État général des sommes dues. (Voir annexe n° 73, p. 78 et 79).

ÉTAT DES SERVICES

DE

M. G. BERTRAND

Ingénieur conseil de S. E. le Maréchal Sou au 4 avril 1901

DEUXIEME PROPOSITION

POUR LA

CROIX DE CHEVALIER DE LA LÉGION D'HONNEUR

MINISTÈRE
des
AFFAIRES ÉTRANGÈRES

REPUBLIQUE FRANÇAISE

LIBERTÉ — ÉGALITÉ — FRATERNITÉ

LÉGION D'HONNEUR

Proposition du 14 juillet 1901 pour la Croix de Chevalier

M. BERTRAND Georges, Pierre.

Grade ou emploi : Ingénieur Conseil de S. E. le Maréchal Sou.

Age : 39 ans, né à Angers.(Maine-et-Loire), le 27 juin 1862.

Durée des services à la date du 14 juillet 1901.	En France, 4 ans (civils). En Indo-Chine, 4 ans (Arsenal de la marine). En Chine, 9 ans 6 mois.	Total. 17 ans 6 mois.

Nombre des propositions antérieures : une

Fonctions remplies en dehors de l'administration et faits particuliers	Ingénieur conseil du maréchal Sou; a pris part aux conférences qui ont eu lieu entre les Gouvernements Français et Chinois pour la cession du territoire de Kwang-Tcheou-Wang et sa délimitation qui a été faite par M. Bertrand.

MOTIFS DE LA PROPOSITION

M. BERTRAND, en plus de ses services en Chine et en Indo-Chine a contribué dans une large part à l'extension de notre influence au Kwang-Si :

1º Il a aidé et conseillé le Maréchal Sou pour la suppression de la piraterie sur notre frontière;

2º Il a engagé de plus en plus le Maréchal à appuyer notre influence en Chine, et il l'a décidé à nous laisser construire le chemin de fer de Langson à Longtchéou ;

3º Lors de la discussion entre les Gouvernements Français et Chinois au sujet de Kwang-Tcheou-Wang, M. Bertrand a été le porte-parole du Maréchal Sou, plénipotentiaire chinois et a fait régler par lui cette question au mieux des intérêts de la France, à tel point que le Gouvernement Chinois a blâmé le Maréchal. La Croix de la Légion d'honneur avait été déjà promise à M. Bertrand dans cette circonstance·

4º Pendant la révolution de Chine, en 1900, M. Bertrand a fait tous ses efforts pour maintenir les bonnes dispositions du Maréchal Sou à l'égard de la France, et y a réussi. Il a fourni des renseignements précieux à l'Indochine et au Consulat de Longtchéou sur les mouvements des bandes pirates qui menaçaient notre frontière.

5º Le Maréchal Sou, parti depuis le 1er décembre 1900 pour pacifier la frontière du Kwang-Si Yunnan, a donné à M. Bertrand tout pouvoir pour le remplacer à son camp et s'occuper de la police frontière, mission délicate qui doit durer huit à dix mois et qui est remplie à la satisfaction générale.

6º Pendant la crise de Chine et en toutes circonstances, la Légation de France à Pékin, le Gouvernement Général de l'Indo-Chine et le Consulat de Longtchéou ont eu en M. Bertrand un auxiliaire précieux et un Français patriote et dévoué.

Longtchéou, le 4 avril 1901,

Le Consul:
Du Vaure.

PREMIÈRE PARTIE

Lorsque je vins, en 1896, pour me fixer au Kwang-Si, province de la Chine limitrophe de notre possession Indo-Chinoise, j'étais porteur d'une lettre d'introduction auprès de S. E. le Maréchal Sou, Gouverneur Militaire et Commissaire Impérial de la police frontière Sino-Tonkinoise. Cette lettre m'avait été remise à Saïgon, par le Grand Chancelier Ly-Hung-Tchang qui se rendait en Europe pour assister, comme représentant de son pays, au couronnement du nouveau Czar.

J'étais, pour ce personnage chinois, une vieille connaissance de Tientsin où j'avais passé plusieurs années en qualité d'agent d'un Syndicat industriel français. Les maisons qui le composaient durent, à cette époque, quitter le marché chinois à la suite de divers incidents et dissensions survenus entre elles et un de nos diplomates ; ses agissements et sa partialité reconnue plus tard par le Département des Affaires Étrangères furent le point de départ de la ruine de notre prestige industriel dans cette partie de l'Empire. Je devins alors le représentant de la Société des Anciens établissements Cail, et, pendant la guerre Sino-Japonaise, mon rayon d'action ne dépassait pas le sud de la Chine (A. n°ˢ 1 et 2 page 1).

En traversant le Tonkin pour me rendre au Kwang-Si, j'eus la bonne fortune de rencontrer à Langson, le colonel de la Folye de Joux, qui était ami particulier du Maréchal Sou, et qui voulut bien me présenter à ce haut mandarin.

Je possédais suffisamment la langue officielle chinoise

pour n'avoir point besoin d'un interprète, et l'entretien que nous eûmes suffit pour me faire prendre en considération par le Maréchal. Mais, où son contentement se manifesta bruyamment, ce fut, lorsque interpellant un de ses officiers dans le langage de son pays de Canton, que je comprenais également il m'entendit parler cette langue. De ce moment, je devins son familier pendant le séjour qu'il fit au Tonkin, et ne le quittai qu'après qu'il m'eût fait promettre de le rejoindre le lendemain à la frontière où il m'attendrait pour me conduire lui-même à son camp retranché.

A quelques jours de là, j'y étais installé avec ma famille, et le Maréchal me prenait à son service.

Mon premier soin fut d'avertir de mon arrivée au camp du Maréchal Sou, le Consul de France qui gérait le poste de Longtchéou, seul port ouvert dans la province du Kwang-Si, et d'écrire officiellement à Pékin à M. le Ministre de la République, Gérard, pour l'informer de ma nouvelle situation, et pour l'assurer à nouveau de mon dévouement à la cause française dans cette partie de la Chine (A. n° 3, page 2). Je lui disais, en substance, que, en vue de la construction prochaine du chemin de fer de la frontière du Tonkin à Longtchéou, dont il était le promoteur, et dont la concession venait d'être accordée à la Compagnie française de Fives-Lille, le Maréchal Sou, désirant avoir auprès de lui un homme de métier, m'avait choisi comme Ingénieur Conseil, et que, dans cette nouvelle situation, tous mes efforts tendraient à faire connaître aux mandarins notre industrie et nos produits. J'ajoutais : qu'avec le concours des agents de la Compagnie de Fives-Lille qui viendraient très prochainement dans la région, j'étais persuadé que le mouvement commercial se développerait rapidement sur la frontière dès que la ligne serait construite.

Ma situation nouvelle ne me permettait plus de représenter efficacement les intérêts que m'avait confiés la Société des Anciens Établissements Cail; elle n'était d'ailleurs plus guère, à cette époque, en mesure d'exécuter les commandes qui auraient pu lui être apportées; je donnai ma démission.

Un mois s'était à peine écoulé, que le représentant de la compagnie concessionnaire du chemin de fer à construire, M. Ch..., faisait son entrée au Kwang-Si, accompagné d'un ingénieur et d'un interprète, et sollicitait du Maréchal une entrevue qui lui était aussitôt accordée.

Le camp retranché n'étant pas accessible aux Européens, le rendez-vous, pour cette première rencontre, avait été pris au Yamenn du Sous-Préfet de Pinh-Shiang situé à un kilomètre de la Résidence du Généralissime chinois. L'intention du Maréchal était de recevoir seul M. Ch... qui avait demandé une audience particulière, mais, devant l'impossibilité pour le Maréchal de se faire comprendre et de comprendre l'interprète du représentant de Fives-Lille, qui ne parlait que fort médiocrement la langue officielle chinoise, je reçus l'invitation de me rendre à ce Yamenn pour assister à l'entrevue et aider les deux interlocuteurs.

Dès le début, l'attitude de ce représentant à mon égard fut significative, et son antipathie s'accentua lorsque, traduisant les paroles du Maréchal, j'expliquai ses « desiderata » pour le projet du chemin de fer à établir par la compagnie concessionnaire. Le dîner d'usage offert par le Haut-Mandarin, en l'honneur de l'arrivée au Kwang-Si de l'agent de Fives-Lille, fut si froid et si compassé, que Son Excellence fut frappée de la tenue plus que réservée de ce Français si différent de ceux qu'Elle avait vus jusqu'à ce jour, et m'en fit la remarque.

Je lui expliquai, tant bien que mal, cette attitude étrange et cette froideur affectée, en lui donnant comme prétexte l'embarras dans lequel se trouvait ce représentant, qui n'avait compté que sur son interprète pour entrer en relations avec le Directeur Général du futur chemin de fer. Au fond, j'étais fixé sur les sentiments de M. Ch... à mon endroit, sans que je pusse, cependant, m'en expliquer la cause.

Depuis mon arrivée au camp, et après avoir installé le plus confortablement possible la pagode que mon chef avait mise à ma disposition, en attendant qu'il me fît construire une maison convenable, puisqu'il désirait absolument me garder auprès de lui, j'étais chargé de parcourir la région que devait traverser la voie ferrée. Aucun projet n'avait encore été établi. J'avais passé quatre mois sur le terrain à la recherche des passages les plus praticables dans ce pays de montagnes, disposant des soldats du camp qui connaissaient merveilleusement bien tous les sentiers, tous les points culminants et toutes les petites vallées dont cette contrée est sillonnée. J'avais donc les premiers éléments pour fixer sur le papier le tracé de cette ligne, et en établir les profils que le Maréchal désirait; il me restait à calculer le prix de revient au kilomètre, en me basant sur le coût des matériaux à prendre sur place, sur celui de la main-d'œuvre chinoise et, enfin, à connaître les prix du matériel et des matériaux étrangers à importer au Kwang-Si.

Bien que j'eusse avec moi des éléments suffisants pour faire ces calculs, je ne voulus pas m'en servir exclusivement, et je résolus d'aller me renseigner au Tonkin, auprès du Service des Travaux Publics, et des entrepreneurs.

Ce voyage me fut des plus profitables ; je revins à Pinh-Shiang muni de tous les renseignements qui m'étaient nécessaires pour élaborer un projet sérieux et économique, mais j'appris en même temps les manœuvres qu'avaient déjà entreprises les agents de Fives-Lille contre moi. Je fus fixé sur leurs intentions et les moyens qu'ils employaient pour me nuire, non seulement dans l'esprit de mes compatriotes, mais encore dans celui de mon chef qui, pendant mon absence, avait été pressenti par M. Ch... Ce dernier lui avait en effet signifié que, ne voulant avoir à l'avenir aucune relation avec moi, il avait engagé à Longtchéou un nouvel interprète capable de traduire « exactement » sa pensée, sans la « dénaturer ».

Quelles raisons avait donc la Compagnie de Fives-Lille d'agir ainsi avec moi qu'elle ne connaissait pas, et dont les agents ignoraient mon nom avant leur arrivée en Chine?

Je ne pouvais à ce moment m'expliquer leur conduite plus qu'étrange, et surtout l'attitude du représentant qui n'était cependant plus un jeune homme, puisqu'il dépassait la soixantaine; ce ne fut que par la suite que j'eus le mot de l'énigme.

Cette hostilité, injustifiable à mon endroit, n'était point pour attirer les sympathies du Maréchal vers ces ingénieurs français. En outre, le représentant de la Compagnie n'hésitait pas à lui dire, que les Chinois ne connaissaient rien en chemin de fer, que les ingénieurs de Fives-Lille seuls pouvaient décider du tracé de la ligne (alors qu'ils n'avaient pas encore rayonné à plus de dix kilomètres).

Ces détails, joints au caractère irascible de l'agent de Fives-Lille, ne disposaient pas le Maréchal en faveur d'une Compa-

gnie dont les représentants étaient si peu au courant de la
politesse et des usages chinois..

\ Les choses en étaient à ce point, quand M. François, Consul de France, arriva en décembre 1896. Il venait d'être nommé
titulaire du Consulat de Longtchéou en remplacement de
M. Bons d'Anty; M. Beauvais, sinologue distingué, devenait
son chancelier.

Ce nouveau consul, lors de son passage au Tonkin pour
rejoindre son poste au Kwang-Si, ayant eu connaissance des
calomnies colportées à dessein sur mon compte par les agents
de Fives-Lille, s'enquit à mon sujet auprès de M. Rousseau,
Gouverneur de l'époque qui ne me connaissait qu'imparfai-
tement; il répondit simplement à M. François, qu'un ingénieur français se trouvait en effet auprès du Maréchal Sou,
que bien des bruits contradictoires couraient sur son compte,
mais que, puisqu'il se rendait à Longtchéou comme Consul,
il pourrait en apprécier la valeur.

M. François, qui avait séjourné en Indo-Chine quelques
années auparavant, comme Résident et chef de Cabinet de
M. Bihour, n'était pas sans connaître l'esprit très spécial des
Français aux Colonies, et, en homme intelligent, débarqua à
Longtchéou sans avoir de parti pris, se réservant d'étudier
de très près mes faits et gestes et mon rôle auprès du Maréchal.

Son arrivée fut suivie de visites et de réceptions. De part
et d'autre, le Maréchal et le nouveau Consul se recevant fréquemment, la sympathie ne tarda pas à naître, et les relations
devinrent cordiales. Mon chef ne manqua pas de faire connaître au Consul les griefs qu'il avait déjà contre le représentant de Fives-Lille, qui le traitait sans égards et qui lui
avait « fait perdre la face » en dédaignant son ingénieur. De
son côté, M. Ch... ne laissa pas échapper l'occasion qu'il avait,
en visitant M. François, de lui faire savoir qu'il n'admettrait
jamais l'entremise de M. Bertrand dans les affaires de sa
Compagnie avec le Maréchal Sou, sans cependant vouloir en
motiver les raisons.

C'est alors qu'au cours d'un voyage à Longtchéou, je fis
la connaissance du Consul de France.

Je tenais à ce que M. François, qui devait rester plusieurs
années à son poste, n'ignorât rien de ma vie ni de mes ser-

vices antérieurs, et, à cet effet, je lui remis toutes les pièces officielles que je possédais depuis mon admission dans le Corps des Ponts et Chaussées jusqu'au jour de mon arrivée au Kwang-Si, ainsi que d'autres pièces qui firent tomber une à une les calomnies qu'il avait entendues. Le Consul de France en fit faire l'enregistrement sur un registre *ad hoc* et, de ce jour, la cordialité ne cessa de régner entre nous.

Au commencement de l'année 1897, les ingénieurs de Fives-Lille, qui, depuis deux longs mois, s'acharnaient sur le terrain, à étudier des passages infranchissables, quoique le Maréchal les en eût dissuadés et leur eût indiqué des trouées plus faciles, se trouvaient non loin du camp de Pinh-Shiang. Le représentant, ayant besoin de certains renseignements, les avait fait demander à mon chef qui, très aimablement, s'était porté en personne sur les lieux pour les fournir de vive voix. Quand apercevant M. Ch... au milieu d'un cimetière, il ne pût s'empêcher de lui faire remarquer qu'il perdait son temps à étudier ce terrain réservé, puisque la ligne prévue passait à un kilomètre et demi de l'endroit où il piquetait son axe. Tout autre que ce représentant aurait trouvé et donné une raison expliquant ses opérations, mais M. Ch..., sans doute très indigné d'une pareille outrecuidance de la part d'un Chinois, fit la réponse suivante : « Je vous ai fait demander « des renseignements à propos des tombes indigènes, mais « je ne vous ai pas prié de venir. Si je fais ce travail, c'est « que je suis payé par ma Compagnie pour le faire, et cela ne « vous regarde nullement. Vous êtes payé par votre gouver- « nement pour rester tranquillement dans votre Yamenn, « retournez-y et laissez-moi travailler seul » et ce disant, il dirigeait le Maréchal vers sa chaise à porteurs et lui tirait sa révérence.

Devant une telle impolitesse, le Haut Mandarin, blême de colère, ne desserra pas les dents, mais il n'en garda pas moins la plus vive rancune à celui qui osait le traiter pareillement, et qu'il évita de rencontrer par la suite, laissant à son subordonné, Kang, le soin de discuter avec lui.

Atteint dans sa dignité et dans son amour-propre, le Maréchal ne pouvait tolérer longtemps au Kwang-Si celui qui lui avait infligé devant témoins un semblable affront, et il finit par s'en plaindre officiellement au Consul de France. En outre, s'étant ouvert à moi un jour que la colère le dominait, il m'avait appris que M. Ch... s'était permis de lui dire toutes sortes d'ignominies sur mon compte et même sur celui de ma femme. Or, à ce même moment, je recevais précisément de mes amis de Chine et du Tonkin des avertissements sur les menées sourdes de la Compagnie ; j'en profitai donc pour attaquer son représentant devant le tribunal consulaire (A. n° 4, page 3) Le 22 mars, j'intentai une action en diffamation contre Ch..., et je descendis à Longtchéou.

Après une entrevue au Consulat de France avec M. Ch..., qui me fit des excuses et reconnut ses erreurs, je renonçai à mon action, dans le seul but de sauvegarder l'honneur des Français vis-à-vis des Chinois, et par sa lettre du 13 mai, (A. n° 5, page 4) le consul de France m'en exprima sa satisfaction et m'assura de sa protection au cas où j'aurais à m'adresser à nouveau à son Tribunal.

Pendant que les ingénieurs de Fives-Lille cherchaient un tracé pour l'établissement de la future ligne, sans vouloir accepter l'aide ni les conseil du Maréchal Sou, je ne restais pas inoccupé. J'avais déjà remis à mon chef les éléments complets d'un projet dont l'évaluation s'élevait au chiffre rond de seize millions de francs, pour une ligne à voie normale de 1 m. 45 et de cinquante-cinq kilomètres de développement. Je n'avais donc plus à me préoccuper, pour l'instant, de ce projet qui devait rester dans les cartons jusqu'à ce que la Compagnie de Fives-Lille eût présenté le sien.

Bien que j'eusse à faire l'éducation de quelques jeunes Chinois choisis par le Maréchal, en vue de la construction du chemin de fer et du service de l'exploitation future, il me restait de grands loisirs.

A mon arrivée au Kwang-Si, il n'existait aucune route sérieuse ; des sentiers seuls desservaient les villages frontières ; le principal, qui reliait, par la porte de Chine, le Tonkin avec le port ouvert de l'intérieur chinois, Longtchéou, se trouvait sous l'eau à la saison des pluies, et devenait impraticable pendant trois mois de l'année. Il fallait obvier à cet inconvénient, et se décider à faire des routes capables de résister aux intempéries des saisons et aux charrois qui allaient augmenter prochainement, puisque la construction du chemin de fer était arrêtée en principe.

A cet effet, le Maréchal Sou, qui disposait de dix mille hommes, affecta une partie de ses soldats aux travaux de terrassements ; des corvées de village vinrent grossir le nombre des travailleurs et, bientôt, les montagnes avoisinantes furent couvertes d'ouvriers de toutes sortes, mineurs, tailleurs de pierre, coolies, etc. Trois mois après, une magnifique route venait de la frontière aboutir au camp retranché de Pinh-Shiang.

L'élan était donné ; il ne me fallut que quelques mois pour décider le Maréchal à continuer l'œuvre commencée. L'année suivante, un réseau de belles routes partait du camp retranché, se dirigeant sur les points principaux de la frontière, favorisant ainsi le développement du commerce et facilitant les transactions entre notre colonie et la Chine.

Pendant que ces transformations s'opéraient, je voyais presque quotidiennement le Maréchal Sou, et j'étais devenu son ami plutôt que son subordonné. Il avait reconnu en moi un homme de ressources, comme il se plaisait déjà à le dire. Je savais sa langue et je pouvais causer avec lui sur ce qui l'intéressait, sur ce qu'il ignorait, bien qu'il n'avouât jamais son ignorance.

D'un autre côté, mes relations avec le Consulat de Longtchéou s'étaient affermies depuis que M. François, ayant reconnu le néant des attaques des agents de Fives-Lille, connaissait le rôle que je remplissais auprès du gouverneur militaire de la province. La visite qu'il me fit à Pinhshiang, et la réception qu'il reçut du Maréchal furent le prélude de relations plus étroites entre le Consul de France et moi.

Bien que le représentant de Fives-Lille à Longtchéou fût convaincu de mon honorabilité, depuis le jour où il en avait vu les preuves au Consulat, sa compagnie n'en continuait pas moins, en France et à Pékin, une guerre à outrance conre le compatriote qui avait osé s'introduire auprès du Maréchal Sou, au moment même où elle devenait concessionnaire d'un chemin de fer au Kwang-Si. J'en eus la preuve par M. François d'abord, qui, après m'avoir mandé par deux fois à Longtchéou (A. nos 6 et 7, pages 4 et 5), me donna lecture d'une dépêche de M. le Ministre Gérard s'appesantissant sur

ce point, « qu'il n'admettait pas que M. Bertrand contrecarrât
« en quoi que ce soit les projets de la Compagnie de Fives-
« Lille qu'il avait lui-même choisie pour être concession-
« naire de la ligne de Nam-Quan à Longtchéou, et qu'au cas
« où cette Compagnie se plaindrait de lui, il prendrait des dis-
« positions en conséquence. »

D'autre part j'étais averti par le Colonel de Joux, qui quittait le Tonkin pour la France, que M. Doumer, Gouverneur général, successeur de M. Rousseau décédé, était prévenu contre moi par les racontars des représentants de Fives-Lille.

Que pouvais-je faire contre l'attaque d'une Compagnie aussi puissante !

Un fait, comme il en arrive quelquefois dans la vie, décida de ma situation future.

En 1897, la frontière Sino-Tonkinoise, était loin d'être pacifiée ; des attaques à main armée étaient fréquentes, des villages frontières se faisaient encore la guerre, et des incursions de pirates passant, tantôt en territoire chinois, tantôt en territoire français, amenaient des perturbations et des conflits entre les postes militaires Français et Chinois.

Au mois d'août 1897, il advint qu'à la suite d'un vol dont se prétendait victime un Chinois résidant en territoire français, vol qui, d'ailleurs, ne fut jamais exactement établi, un village chinois frontière fut assailli pendant la nuit, puis brûlé.

Le lendemain, le chef du poste militaire chinois envoya au Maréchal Sou un rapport détaillé qui ne fut pas sans produire une certaine émotion. Le capitaine chinois disait que, l'avant-veille, entre minuit et 2 heures du matin, les soldats français du poste de Talung, profitant d'une nuit noire et d'une pluie battante, avaient franchi la frontière, s'étaient répandus dans le village qu'ils avaient pillé, puis brûlé après avoir tué trois indigènes et blessé plusieurs autres ; que des femmes avaient été violées, et qu'après l'accomplissement de leurs forfaits, les Français avaient repassé la frontière pour rentrer chez eux ; la population chinoise de la région était terrorisée.

Le Maréchal, après avoir dépêché sur les lieux de l'attaque un de ses officiers particuliers, vint m'entretenir de cette affaire qui lui paraissait anormale, et s'enquit auprès de moi des intentions de la France. Je le rassurai de mon mieux, et lui promis d'écrire au Colonel Lefèvre, Commandant le premier territoire militaire à Langson, sous les ordres duquel était placé le poste de Talung. Mon chef ne me quitta que lorsque ma lettre fut terminée et expédiée au Tonkin par un courrier à cheval.

Le colonel, qui n'avait eu connaissance d'aucun fait semblable, me fit aussitôt savoir qu'il demandait des explications au capitaine de Talung. Il me priait, en outre, de faire connaître au Maréchal, qu'il était impossible que des troupes françaises eussent osé franchir la frontière sans ordre ; que le Gouvernement français n'avait que des intentions bien pacifiques, et tenait à conserver les meilleures relations avec les autorités voisines, etc.

Cette lettre, que je remis à mon chef, le rassura et lui fit prendre patience jusqu'au retour de son officier enquêteur.

Quelques jours après, ce dernier revenait au camp et remettait un rapport détaillé sur les faits, accompagné non seulement de preuves écrites et verbales, mais encore d'autres plus évidentes de l'entrée des soldats français dans le village en question. Il rapportait des cartouches, des douilles, des effets d'équipement perdus dans la bagarre et retrouvés sur les lieux, un ceinturon français et quelques autres pièces non moins convaincantes.

Du rapport de cet officier, il ressortait que : un Chinois habitant la province du Kwang-Si, avant la délimitation des frontières, avait élu domicile au Tonkin depuis 1895 et s'était, par conséquent, placé sous le protectorat français, bien qu'une partie de sa famille restât en territoire chinois ; cet indigène, fournisseur de denrées du poste français, venait s'approvisionner dans son ancien village où il devait une certaine somme d'argent qu'il ne réglait jamais ; un jour, il reçut une correction de l'un de ses créanciers ; pour se venger, il avait raconté au capitaine français que l'argent que lui avait remis celui-ci pour divers achats, lui avait été dérobé par les habitants de ce village, mais qu'il se faisait fort de le retrouver si le chef français envoyait une patrouille pour le soutenir dans ses recherches.

L'officier enquêteur ajoutait, que bon nombre d'indigènes avaient reconnu ce Chinois indiquant aux soldats français les maisons à brûler et les hommes à tuer.

De son côté, le Colonel Lefèvre recevait de son subordonné un rapport qui n'était point du tout conforme à celui de l'officier chinois, soutenant que les troupes françaises n'avaient jamais passé la frontière, mais qu'au contraire, des Chinois venaient fréquemment la nuit, voler les habitants de son poste.

Le Maréchal commençait à être nerveux; la population chinoise restait excitée, la situation demandait à être éclaircie sans délai. C'est alors que j'intervins directement, et qu'un rendez-vous fut pris à la Porte de Chine pour la rencontre des deux autorités voisines. Le maréchal tint absolument à m'y emmener, car il n'avait qu'une confiance limitée en son interprète chinois et surtout, me dit-il, pour éviter, si possible, tout malentendu entre le Colonel et lui.

Cette entrevue procurait au Colonel Lefèvre, qui commandait, depuis à peine deux mois, le territoire militaire en remplacement du Colonel de Joux, l'occasion de faire connaissance avec son voisin chinois.

Le Colonel, désireux de soutenir son officier, ne s'appuyait que sur le rapport qu'il avait reçu de lui pour affirmer l'inexactitude de l'affaire de Talung, et il mettait sur le compte d'une vengeance de village à village, l'incursion de la bande armée.

Le Maréchal lui répondait, qu'il était certain de la présence des soldats français en territoire chinois, et lui communiquait une partie du rapport qu'il avait, sans cependant lui révéler les trouvailles faites sur le terrain. Ce que voyant, je profitai de la traduction que je faisais des paroles de mon chef, pour glisser rapidement au Colonel, la liste des objets recueillis sur place et apportés d'ailleurs à Nam-Quan.

De ce moment, le Colonel devint perplexe, et quelques instants après, pendant que le Maréchal donnait des ordres pour le repas traditionnel, je pus m'entretenir avec lui de l'incident de la frontière, et lui dire que le Consulat en avait déjà informé Pékin. Le Colonel Lefèvre (aujourd'hui général), comprit aussitôt la situation. La tournure de la conversation qui suivit changea complètement; la gêne première disparut peu à peu; on discuta quelque temps encore, des concessions se firent de part et d'autres, et cette affaire, qui eût pu faire naître des complications, scella l'amitié des deux chefs militaires.

Avant leurs départs, il fut convenu que le Colonel ferait remettre une indemnité aux victimes de ce malentendu, qui ne devait plus se reproduire à l'avenir, et qu'il enverrait au camp retranché et sous bonne escorte, puisque le Maréchal y tenait absolument pour le rétablissement de l'ordre sur la frontière, le Chinois qui avait provoqué l'attaque.

Enfin, avant de quitter Nam-Quan, le Commandant des armées chinoises tint à montrer à son nouvel ami les preuves qu'il avait, et à les lui remettre en mains propres.

Le Colonel Lefèvre ne s'aperçut qu'après de l'importance qu'attachait le Maréchal à l'envoi à son camp du Chinois, qui n'était pas seul coupable dans cette affaire, et, lorsqu'il le fit diriger vers Pinh-Shiang, il se douta un peu du sort qui l'attendait. Il s'en ouvrit à moi lors du voyage que je fis à Langson, et me pria d'intervenir pour que cet individu ne fût pas exécuté. De la résidence militaire où le Colonel me recevait, j'écrivis à mon chef de surseoir à l'exécution, jusqu'à mon retour, ayant des éclaircissements à demander au coupable.

En se rendant à Nam-Quan, le Maréchal n'était pas très rassuré sur le résultat de l'entretien qu'il allait avoir avec le Représentant militaire français qu'il ne connaissait pas encore, car le fait qui venait de se passer à Talung lui paraissait être assez grave pour qu'il le considérât presque comme un *casus belli* ; il me l'avoua lorsqu'il me remercia de mon entremise en cette circonstance embarrassante, m'attribuant tout le succès de ce dénouement pacifique ; aussi, à mon retour au camp, me fut-il relativement facile de sauver la tête du prisonnier qui fut renvoyé au Colonel, à la condition qu'il ne reparût plus jamais sur la frontière Sino-Tonkinoise. Je reçus à · cette occasion les remerciements du Capitaine R... de Talung et ceux particuliers du Colonel Lefèvre (A. n° 8, page 5).

Un mois après, je revenais de ce village chinois avec la liste des indemnités à payer, comme dédommagements, à ceux qui avaient été éprouvés pendant cette fameuse nuit d'août, et le Colonel de Langson faisait parvenir au Maréchal la somme à distribuer.

· L'incident de Talung était terminé à la satisfaction de tous. Mais, de ce jour commença pour moi une vie nouvelle à laquelle je n'étais nullement préparé.

Le Maréchal, voyant que je l'avais tiré d'un embarras, devinant les avantages qu'il pourrait retirer des relations que j'entretenais avec les commandants des territoires militaires au Tonkin, me chargea d'abord d'inspecter ses postes frontières, et d'étudier les améliorations à apporter dans chacun d'eux pour le bien des deux pays. Je parcourus, ainsi, toute la frontière, depuis la province du Kwang-Tong jusqu'à celle du Yunnan, tout en faisant de temps à autre des visites aux officiers français qui commandaient les postes avoisinants, et, bientôt, les indigènes apprirent à me connaître et vinrent me présenter leurs doléances et leurs réclamations. J'étais, pour eux, le porte-parole du « Kong Pao » (Grand Chancelier), son homme de confiance et, par conséquent, je pouvais l'entretenir directement des plaintes ou des revendications. Ils pouvaient me parler leur langue, sans passer par un interprète ou un scribe qui les aurait grugés ou par les mandarins qui les ruinaient. Petit à petit, ces gens s'enhardissaient et venaient me réclamer jusque chez moi, pour me demander protection dans les affaires qu'ils avaient avec leurs mandarins. Le généralissime chinois n'était pas sans ignorer le commencement d'influence que je prenais, et quoique son entourage lui fît sournoisement remarquer la trop grande importance qu'il donnait à son Ingénieur français, il n'en continuait pas moins à me garder en haute estime, et à me marquer toute la satisfaction qu'il éprouvait en me voyant m'immiscer dans ses propres affaires, même personnelles, dont il m'entretenait.

C'est en revenant d'une tournée de la frontière, que je fus informé de la venue prochaine du mandataire de la Compagnie de Fives Lille, M. Gr..., qui avait traité à Pékin l'affaire de Longtchéou. M. Ch..., le premier représentant, fatigué par son grand âge, souffrant de la fièvre et voyant le peu de succès qu'il obtenait auprès des Chinois, avait quitté le Kwang-Si et était rentré en Europe. Le Maréchal se réjouissait de l'arrivée de M. Gr..., et pensait trouver en lui un homme d'une politesse exquise, puisqu'il venait de Pékin où les rites sont si scrupuleusement suivis, et surtout, un ingénieur capable de comprendre les intérêts de la Chine et de sa compagnie dans la question à traiter.

Les jours qui suivirent l'arrivée de ce personnage à Longtchéou, rappelèrent ceux qui s'étaient écoulés après la prise de possession du poste consulaire par M. François. Les relations entre M. Gr..., et le Maréchal devenant excellentes, on abordait, quinze jours après, la question du chemin de fer. Le nouveau représentant, avant de fixer un prix, tenait à se rendre compte par lui-même du projet établi par son prédécesseur, voir les lieux, faire une visite générale du tracé, etc., etc.

Un bon mois fut employé en déplacements, en études, et rendez-vous fut pris pour réunir les membres de la Commission Impériale à qui M. Gr..., exposerait son projet.

A cette séance, se passa un fait étrange, inexplicable.

Avant de quitter Longtchéou, M. Ch..., avait remis à la Commission Officielle un relevé d'ensemble des prix de la ligne prête à être livrée à l'exploitation, qu'il estimait à onze millions et demi de francs, et que le Président avait transmis à son Gouvernement. Le prix fixé par M. Ch..., était-il connu de M. Gr...? C'est ce que je n'ai jamais su. Le fait qui reste acquis, c'est que M. Gr..., après avoir discuté chaque partie du projet Ch..., annonça aux Chinois que le coût total d'établissement atteindrait vingt et un millions de francs.

Le Président de la Commission Impériale, sans s'émouvoir outre mesure de cette annonce fantastique, fit simplement remarquer la différence énorme survenue entre le départ de M. Ch..., et l'arrivée de M. Gr... Ce dernier en resta suffoqué et accusa son prédécesseur de s'être trompé.

Sur ces entrefaites, je reçus avis que M. François quittait Longtchéou et rentrait en France. Ce Consul avait eu maille à partir avec M. Gérard à Pékin au sujet de la Compagnie de Fives-Lille.

Non seulement le Ministre de France patronnait la Compagnie et l'aidait de tout son pouvoir pour sa réussite à Longtchéou, mais il donnait encore des ordres à M. François qui n'étaient point — aux dires de ce Consul — du ressort d'un Ministre impartial. Notre Ministre à Pékin, lié intimement avec le mandataire de la Compagnie, M. Gr..., qu'il logeait et hébergeait à la Légation, n'avait obtenu cette concession du Gouvernement Chinois, que pour satisfaire aux désirs de M. R... beau-père de Mlle Gr..., et M. François n'admettait pas que cette compagnie profitât de la situation qu'elle avait su se créer en haut lieu pour traiter, comme elle le faisait, les auto_rités chinoises du pays qui devaient payer les frais de construction de la ligne.

Avant de quitter le Kwang-Si, M. François, qui avait été témoin de mes premières luttes, tint à me laisser une pièce officielle attestant ma loyauté en toutes circonstances et mon dévouement à la cause française (A. n° 9, page 6).

Le Consul parti, M. Gr... ne se sentit plus d'aise, car il était débarrassé d'un antagoniste que son ami, M. Gérard, avait réussi à faire déplacer. Il exultait de ce départ, et pensait conduire au gré de ses désirs les négociations de son affaire. Les amabilités qu'il savait prodiguer, à l'occasion, aux membres de la Commission Impériale, plaisaient assez à ces Chinois habitués aux flatteries et aux petits cadeaux, et l'agent de Fives-Lille aurait peut-être pu les amener à composition si un fait nouveau — et celui-ci d'un ordre tout autre que le premier — n'était venu arrêter, encore une fois, les relations de Fives-Lille et des mandarins.

Le Maréchal avait invité à son Yamenn de Longtchéou les quelques Français résidant dans ce port : le Consul, le docteur du Consulat et de la Douane Impériale, puis M. Gr... avec son ingénieur en chef M. Du..., et les autorités chinoises de la ville. Le dîner, très gai au début, se prolongea fort avant dans la soirée, et le champagne, tant apprécié des Chinois, coula à flots. M. Gr..., tint à boire plus que tous les autres, au point que, au milieu du dîner, il se trouva dans un état d'ébriété complète.

L'ivresse, chez le Chinois, n'est qu'une manifestation de son contentement et de sa joie, mais faut-il encore, que dans cet état, l'invité se tienne proprement et reste gai. Tel ne fut pas le cas de l'agent de Fives-Lille qui, pris soudain d'une lubie d'ivrogne, se mit à briser tous les verres placés sur la table, en criant à tue-tête toutes sortes d'insultes adressées plus particulièrement au Maréchal Sou, et déclarant « qu'il « n'était pas venu au Kwang-Si pour faire des cadeaux ni « pour boire du champagne, mais bien pour vendre des kilo- « mètres de rails à ces c... de chinois, etc., etc. »

Ces paroles, traduites par deux interprètes chinois aux mandarins, produisirent un effet désastreux ; ce que voyant, le docteur du Consulat prît à bras-le-corps cet ivrogne et le déposa sur un sofa chinois. Déjà, les mandarins s'étaient levés de table et se disposaient à partir, tandis que M. Gr..., faisait du salon un vomitorium.

Inutile de dire, que peu de temps après, ce représentant disparaissait du Kwang-Si pendant que M. Du... prenait en mains la direction des affaires. Ce fut certainement cet ingénieur, qui plaisait beaucoup aux mandarins, qui rendit le plus de services à sa compagnie, mais il n'était qu'intérimaire et en expectative d'un départ prochain.

Après le départ du premier représentant, M. Ch..., un personnel d'ingénieurs et de conducteurs était arrivé à Longtchéou ; les brigades d'agents campaient là où elles se trouvaient pour qu'il n'y eût aucune perte de temps dans les études du tracé. Le Maréchal, informé de l'avancement du travail de la Compagnie, avait écrit à son Gouvernement ; il avait été nommé Représentant officiel, et avait reçu de Pékin pleins pouvoirs pour. former définitivement la Commission Impériale des chemins de fer chargée du contrôle des travaux.

Jusqu'à ce jour, je n'avais été que l'employé du Gouverneur militaire. Au reçu du décret de l'Empereur qui lui donnait pleins pouvoirs, un contrat intervint entre le Maréchal Sou, délégué du Gouvernement chinois, Président et Directeur général des chemins de fer et moi. Ce contrat fixait mes appointements, mes attributions, les conditions et la durée de l'engagement qui ne doit expirer qu'après le complet achèvement de la ligne à construire. Passé à la date du 27 décembre 1897, il fut enregistré le même jour à Longtchéou, en la chancellerie du Consulat, par M. Guillien, successeur de M. François (A. n° 9 *bis*, page 7).

Entre temps, j'avais dû me rendre à Hanoï afin d'y faire différents achats pour le compte du Maréchal Sou, notamment de médicaments destinés aux troupes du Kwang-Si. Jusqu'à mon arrivée les soldats ne recevaient des soins que d'un médecin chinois, ignorant les principes élémentaires de l'hygiène à suivre dans un pays où la fièvre, le choléra et la peste régnaient en permanence. L'expérience que j'avais acquise pendant mon séjour en Cochinchine, où j'avais passé

quatre années à l'arsenal de la Marine (1885-1890), était suffisante pour me permettre de soulager, et de guérir souvent,
les malades atteints de fièvre ou de dysenterie qui se présentaient à mon Yamenn. De son côté, ma femme avait su inspi-
rer confiance aux femmes des mandarins du pays. Journellement, on lui conduisait des enfants ou des femmes malades.
Or, je ne pouvais me procurer des médicaments français
qu'au Tonkin, et l'éloignement et le nombre sans cesse croissant des malades nécessitaient un approvisionnement sérieux.

C'est pendant ce voyage que je fis la connaissance de
M. Doumer, à qui le Colonel Lefèvre m'avait présenté par
lettre. L'accueil bienveillant que je reçus du nouveau Gouverneur général m'enhardit à lui parler des attaques dont
j'étais l'objet de la part des agents de la Compagnie de
Fives-Lille, et à lui donner l'assurance que, malgré toutes les
calomnies, je ferai tous mes efforts pour faire aboutir cette
œuvre française.

M. Doumer, pendant les six premiers mois qu'il venait de
passer en Indo-Chine, n'avait pas été sans ordonner une
enquête sur ma vie antérieure d'abord, et sur celle que je
menais depuis mon entrée au Kwang-Si. Il avait été déjà
mis au courant de mes débuts auprès du Maréchal Sou par
le Colonel de Joux qui, en juin précédent, au cours d'un
voyage entre Haïphong et Saïgon, avait pris ma défense
auprès du Gouverneur général et avait eu facilement raison
d'une opinion qui n'avait d'autre base que des racontars des
agents de Fives-Lille.

D'autre part, le Colonel Lefèvre, ami particulier de M. Doumer, l'entretenait fréquemment des services que je lui rendais, et du bénéfice que retiraient déjà les deux pays frontières de ma présence auprès du Gouverneur militaire du
Kwang-Si.

M. Doumer était donc fixé sur mon dévouement, et, pendant ce premier entretien, j'eus la satisfaction de constater
les bonnes dispositions dans lesquelles se trouvait vis-à-vis
de moi le chef de la colonie française.

A quelques jours de là, il me faisait savoir télégraphiquement (A. n° 10 page 7), de Saïgon où il était retourné, l'arrivée prochaine du successeur de M. Gr..., le colonel V...

A la même époque, le Maréchal recevait de M. D..., Directeur général de la Compagnie de Fives-Lille à Paris, une lettre particulière lui annonçant l'arrivée d'un nouveau représentant qu'il recommandait à sa bienveillance. M. D..., disait : qu'il était persuadé que cet agent entretiendrait avec lui les meilleures relations étant donné que le Colonel en retraite V..., choisi tout exprès par le comité central, était un excellent ami de S. E. qui avait eu l'occasion de le rencontrer et de traiter avec lui, au Tonkin, quand il commandait la région frontière.

Jusqu'à l'arrivée au Kwang-Si du nouveau représentant, le Maréchal s'évertuait, en vain, à me demander sur ce colonel des renseignements qu'il m'était impossible de lui donner, n'ayant, jusqu'alors, jamais entendu parler de M. V... Il faisait des efforts de mémoire persévérants pour se rappeler le nom et l'aspect de cet officier, quand, un beau jour, le Colonel annonça sa visite.

Le Maréchal voulut qu'il fût reçu chez moi. A cette occasion, un dîner français avait été préparé et, vers cinq heures du soir, M. V..., arriva.

Or, le Maréchal ne le connaissait pas, il le voyait certainement pour la première fois, bien que le Colonel assurât qu'il avait rencontré une fois le Généralissime chinois, à la porte de Nam-Quan, dans le cortège du Colonel Servière où il avait pris place, lors d'une visite que ce dernier avait faite quelques années auparavant.

L'accueil n'en fut pas moins cordial, mais, en prévision de tout malentendu, mon chef tint, dans la réponse qu'il adressa à Paris à M. D..., à lui faire connaître qu'il avait été heureux de recevoir M. V... avec qui il désirait entretenir d'excellentes relations, quoiqu'il n'eût jamais auparavant l'occasion de le voir ni de faire sa connaissance.

Pendant que tous ces incidents se déroulaient au Kwang-Si, M. François, rentré en France, ne restait pas sans faire connaître au Département des Affaires Étrangères, et la conduite des agents de Fives-Lille en Chine, et ses appréciations sur le résultat auquel tendait la Compagnie choisie par M. Gérard. Le déplacement subit de notre Ministre à Pékin, qui survint au moment où M. D... recevait la réponse du Maréchal annonçant qu'il voyait pour la première fois le Colonel V..., sur qui la Compagnie de Fives-Lille avait fondé son espoir, acheva de la mettre en désarroi. Son but, maintenant, apparaissait plus net, plus précis ; ses tergiversations, ses faux-fuyants, ses prétentions exagérées qu'elle adressait aux Chinois par l'entremise du Consulat, ne laissaient guère de doute dans l'esprit de ceux qui assistaient, de près comme de loin, à cette comédie, sur ses intentions de ne jamais exécuter le travail qu'elle avait sollicité du Gouvernement français.

Que pouvait faire le nouveau représentant de Fives-Lille, ancien officier de l'armée coloniale, peu apte à discuter efficacement des projets de chemin de fer avec les Chinois qui venaient, précisément, de recevoir de Pékin des séries de prix des autres lignes construites dans le Nord de la Chine, et qui, par conséquent, se trouvaient être plus au courant qu'au début ?

ANNÉE 1898

C'est aux premiers jours de cette année, 1898, que le Maréchal décida la construction, à la porte principale près du camp retranché, d'une maison confortable où je devais résider avec ma famille, ainsi qu'il était convenu au début et arrêté par mon contrat de décembre dernier.

Après en avoir fait les plans, qui comprenaient non seulement les appartements qui m'étaient réservés, mais encore une douzaine de chambres destinées à recevoir les autorités françaises du Tonkin qui, depuis que j'étais au Kwang-Si, venaient faire de fréquentes visites au Gouverneur militaire chinois, la maison s'éleva assez rapidement au début, grâce aux soldats du camp et aux ouvriers annamites que j'avais fait venir du Tonkin, sur l'ordre de mon chef, pour exécuter les travaux que ne pouvaient entreprendre les réguliers Chinois.

Pendant le temps que durèrent les travaux, je conservai la pagode que j'habitais. C'est là que j'avais reçu les hautes personnalités françaises qui m'avaient été annoncées par le Gouvernement général. D'abord M. Roume, directeur de l'Asie au Ministère des Colonies, qui y passa trois jours avec sa suite ; puis M. Doumer qui, désireux de voir aboutir le chemin de fer de Longtchéou, n'avait pas hésité à venir, en personne, en entretenir le Maréchal Sou.

Tout en surveillant les travaux de ma future maison, je n'en continuais pas moins mon rôle d'inspecteur sur la frontière que je visitais fréquemment. La région devenait de plus en plus tranquille depuis que j'avais organisé un service de police copié sur celui des Français ; déjà plusieurs petites bandes de pirates avaient été cernées et deux chefs pris par la demi-compagnie d'escorte que le Maréchal avait placée sous mes ordres directs. Ces petits succès m'avaient valu des félicitations aussi bien des commandants des territoires militaires que du Généralissime. Les postes chinois, stylés, étaient en rapports constants avec les postes français et faisaient bon ménage, ce qui ne s'était jamais vu avant mon arrivée. L'entente, en un mot, régnait sur toute la ligne frontière, à la satisfaction générale.

Les populations devenaient, par ce fait, beaucoup plus tranquilles et surtout bien plus faciles à administrer ; les chefs de village m'adressaient directement leurs rapports et demandaient mes ordres sachant fort bien qu'ils seraient conformes aux idées du Maréchal ; enfin, la population ne me regardait plus comme un étranger, lorsque je passais au milieu d'elle, mais bien comme un administrateur juste et abordable.

Les relations commerciales entre les villages frontières prenaient de l'extension, grâce au système de cartes individuelles dont chaque indigène était porteur et qu'il présentait aux autorités du pays sur lequel il entrait. Cette façon de contrôler l'identité des voyageurs évitait les surprises.

Les routes neuves, donnant accès de la frontière Tonkinoise en Chine, étaient parcourues par des voitures, des charrettes de transports de tous modèles ; la société française des transports militaires n'avait plus autant à craindre les pillages de ses caisses de ravitaillement ; enfin le Colonel de Langson pouvait aller en voiture, de chez lui au camp du Maréchal Sou, pour y conférer chaque fois que l'occasion se présentait.

Il m'avait fallu deux années pour arriver à ce résultat ; mais j'espérais mieux encore, et tous mes efforts tendirent par la suite à faire de la province du Kwang-Si, avec l'aide de mon chef qui avait une entière confiance en moi, et l'appui du Gouvernement français, une dépendance économique de notre grande colonie.

Au mois de mars de cette même année, je fus dans l'obligation de me séparer de ma femme qui, fatiguée par un séjour de huit années passées en Extrême-Orient, rentra en France se reposer.

Son départ marqua une nouvelle ère dans mon existence. Je restais seul au camp chinois, livré à moi-même et sans pouvoir parler ma propre langue. Au début de cette séparation qui devait durer près d'un an, mon chef m'invita à résider auprès de lui dans sa propre maison ; je refusai son offre, mais j'acceptai cependant de passer avec lui la plus grande partie de mes journées. Ce fut dans ces heures de tête-à-tête que nous pûmes l'un et l'autre nous mieux connaître, nous apprécier et nous estimer davantage.

Le Maréchal Sou, à cette époque, était un homme approchant de la soixantaine, — mais ne l'avouant pas, — bien conservé, encore vigoureux et alerte, portant haut la tête et de carrure respectable. Il avait des manières affables, une aisance naturelle, et produisait une excellente impression sur tous les étrangers qui l'approchaient. Sa vie n'avait été, jusqu'en 1884, qu'une suite d'avatars qui ne prirent fin qu'après la guerre au Tonkin, lorsque son gouvernement le nomma généralissime des armées du Kwang-Si, en remplacement de notre vieil ennemi Liéou-Winh-Foc, l'ancien chef des Pavillons Noirs.

Pendant les premières années qui suivirent notre établissement au Tonkin, Sou ne fut guère connu des Français qui savaient, cependant, la part active qu'il avait prise dans la guerre franco-chinoise. Ce n'est que sous le commandement du Colonel Galliéni que le Maréchal entra en scène sur la frontière, en faisant mettre en liberté la famille Liauday, enlevée au Tonkin par des pirates de la province du Kwang-Tong et détenue prisonnière dans les Cent Mille Monts qui couvrent les provinces des deux Kwangs.

De ce jour, le nom de Sou devint presque populaire dans notre nouvelle colonie ; les journaux de France publièrent, et sa photographie et sa biographie approximative, en relatant les faits qui avaient présidé à la mise en liberté de la famille française composée du père, de la mère et d'une enfant dont les souffrances, pendant des mois, avaient été si terribles.

L'arrivée de M. Doumer en 1897 et la politique que cet homme suivit pendant cinq années, acheva de gagner à notre cause celui qui devait être un ami dévoué à la France et aux intérêts français dans son pays.

Comme tous les mandarins du Céleste Empire, le Maréchal suivait les rites du Nord; sa journée commençait à 4 heures du soir pour se terminer à 5 heures du matin, heure à laquelle il se couchait. C'était pendant la nuit qu'il travaillait, donnait ses audiences, ses ordres, et présidait son tribunal. Une armée de secrétaires, habitant son Yamenn, était occupée à transcrire les décisions qu'il prenait et qu'il dictait, car il n'écrivait jamais. Cependant, aucune missive ne sortait de chez lui sans qu'il ne l'eût parcourue plusieurs fois, faisant corriger souvent des caractères qui ne lui paraissaient pas rendre exactement sa pensée. Il n'avait, jusque-là, jamais eu la moindre confiance en aucun des hommes de son entourage officiel.

Tout son travail se faisait sur un lit de camp où, entre deux lettres, il fumait l'opium. C'est à ses côtés, et bien que l'odeur de ce poison m'incommodât toujours, que je passai plusieurs mois à écouter les épisodes de sa vie, et à l'entretenir de notre patrie, de nos grands hommes et des découvertes de notre temps.

Intelligent et avide de connaître, mon chef ne pouvait se passer de ma présence ; à son réveil, sa première parole était pour me réclamer. Quand mes occupations me retenaient chez moi, il se faisait habiller et venait passer la nuit à mon Yamenn où nous dînions, travaillions en commun, et où il rendait même ses jugements. Insensiblement, j'entrai ainsi dans sa vie et j'arrivai bientôt à être au courant de toutes les affaires officielles et privées de ce puissant mandarin qui me faisait connaître, petit à petit, les rouages de son administration, toutes les intrigues dont sont capables les fonctionnaires astucieux de ce pays, ses embarrras fréquents d'argent, et les retards apportés par son gouvernement qui ne lui payait pas les frais qu'il avait faits pour l'installation des forts de la province, etc., etc.

Pendant que M. V... prenait à Longtchéou la direction des affaires de sa Compagnie, de graves nouvelles parvenaient au Maréchal de différents endroits de l'intérieur de la province; elles annonçaient l'entrée au Kwang-Si d'une grande quantité de pirates provenant de la province du Kwang-Tong d'où ils étaient chassés. Ils se concentraient sur divers points pour former des bandes sérieuses disposées à marcher vers le nord de la province où se faisaient les échanges commerciaux entre le Yunnan, le deuxième territoire militaire français et les contrées avoisinantes.

A cette annonce imprévue, le Maréchal hésita : devait-il prendre lui-même le commandement de ses troupes et aller donner la chasse à ces pirates qui pouvaient amener des perturbations sur la frontière française, ou bien, devait-il confier ce soin à son second, le Général Mâ, ce qui lui aurait permis d'aller à Longtchéou conférer avec le Représentant de Fives-Lille qui le réclamait afin de discuter à nouveau la question du prix forfaitaire. D'un côté, il désirait donner satisfaction à M. Doumer qu'il avait assuré de tout son concours pour le bon ordre de la frontière ; et d'un autre, il voulait que la Compagnie de Fives-Lille ne puisse lui reprocher aucun retard dans les conférences qu'elle allait engager.

Mon chef me fit part de l'embarras dans lequel il se trouvait : il répugnait à confier au Général Mâ, seul, la répression des rebelles, et me demanda conseil. Ne me souciant guère de l'accompagner à Longtchéou pour assister aux discussions que je prévoyais interminables, je le priai de m'autoriser à accompagner le Général Mâ dans la colonne qu'il préparait. Cette demande ne l'étonna point, je crois même qu'il l'attendait, car sa figure respira la joie et ses yeux sourirent malicieusement. Il me donna son meilleur capitaine et ses meilleurs lieutenants. Douze cents hommes du camp furent désignés pour cette colonne, ce qui porta l'effectif total à deux mille hommes y compris ceux du général Mâ qui rallia le camp retranché quelques jours après. Pour ma satisfaction personnelle, j'assistai à la distribution des munitions ; le service de l'intendance n'existait pas encore et se faisait tant bien que mal. En outre des cartouches, chaque soldat portait deux livres de riz dans un bissac suspendu à la ceinture.

J'avais tenu à être escorté par la demi-compagnie que m'avait donnée mon chef au début, et qui ne me quittait jamais dans mes déplacements. Je voulais voir comment elle se comporterait en présence de bandes sérieuses. Je partis un beau jour de juin à la suite de tout le régiment chinois qui défila devant le Maréchal et moi. De ma vie, je n'avais vu tant de soldats chinois réunis, et je me rendis compte, ce jour-là seulement, de ce que représentaient réellement deux mille hommes. Le Général Mâ prit le commandement de la troupe et je le suivis armé de mon revolver, de ma lorgnette et de mon vérascope.

Tous les réguliers avaient de l'entrain, causaient entre eux, les uns avec la bretelle du fusil sur l'épaule, les autres tenant leur arme par l'extrémité du canon pendant que la crosse dépassait leur chapeau pointu. D'ordre et de discipline, il n'y en avait point, et je me demandais comment ces soldats, la plupart d'anciens pirates soumis par le Maréchal, allaient se comporter au feu contre leurs anciens camarades.

Nous fîmes ainsi trois journées et demie de marche, couchant à la belle étoile, et mangeant du riz et des oignons ; mon ordonnance avait bien apporté quelques provisions, mais après le deuxième jour, il n'en restait rien, et je prenais mes repas avec le Général Mâ qui avait l'air soucieux. Le long de la route nous devions être ravitaillés en riz et, en cas de besoin, en munitions par le sous-préfet de Ning-Ming-Tiao.

Dans l'après-midi du troisième jour, et après un repos de plus de deux heures dans un village situé au milieu des montagnes assez élevées, la première partie de la troupe s'engagea dans un défilé abrupt et étroit. Pour plus de sécurité, et bien que les gens du village nous eussent affirmé qu'aucun pirate ne se trouvait dans la région, de nombreux soldats marchaient en flanc sur les contreforts des deux montagnes que séparait le sentier, et formaient ainsi une ligne assez étendue en largeur. Trois à quatre cents hommes se trouvaient engagés dans le défilé lorsqu'une fusillade éclata de chaque côté des hauteurs. De l'endroit où je me trouvais, je vis parfaitement les deux points de départ du feu.

Le général Mâ, qui se trouvait derrière, entre moi et le village, donna-t-il un ordre ou n'en donna-t-il point ? Je ne le sus jamais. Pendant que les balles sifflaient, tous les réguliers engagés dans le défilé remontèrent au galop, se bousculant et nous bousculant en arrivant au point culminant où nous nous trouvions. Deux lieutenants donnaient des ordres qui n'étaient point écoutés et que les soldats ne pouvaient d'ailleurs entendre, au milieu de cris et de vociférations de toutes sortes.

Quelques instants se passèrent ainsi, et je vis le mouvement qu'opéra assez rapidement notre première troupe qui se sépara en deux, pour gravir chaque flanc des deux montagnes. Les réguliers n'avaient pas franchi deux cents mètres, qu'une autre fusillade éclatait de toutes les hauteurs dominant le village que nous venions de quitter.

Nous étions bel et bien cernés.

Je ne doutais pas du résultat final, puisque nous avions deux mille homme armés et que les pirates n'en pouvaient disposer d'autant, cependant, je me demandais anxieusement ce qui allait se passer, et j'explorais avec ma lunette toutes les parties des montagnes avoisinantes qui s'offraient à ma vue. J'avais pris la précaution de descendre de cheval, et je me servais de ma monture pour m'abriter des projectiles ou de leurs ricochets qui m'aveuglaient de débris de terre et de pierres.

Grâce à mes jumelles, je vis se dessiner un mouvement des pirates qui me fit prendre sur-le-champ une décision. Au pied du ravin qui pouvait avoir un kilomètre de long, avant de se retourner sur la droite, partait une montagne moins élevée que celles qui nous entouraient. A un moment, je vis une ligne de chapeaux qui fuyaient du haut de cette montagne dans la direction de celle de gauche d'où était partie la première fusillade. Je supposai aussitôt que l'ennemi, qui de cette petite montagne avait vu le mouvement rétrograde des réguliers remontant le ravin pour se masser en haut, courait renforcer le nombre des pirates qui allaient avoir sur le dos tous nos hommes de la première section et la réserve de Mâ. Je connaissais déjà la tactique des troupes impériales. Elles n'avancent jamais quand elles essuient un premier feu, mais se concentrent pour reprendre en arrière l'offensive ; les pirates ne l'ignoraient point non plus.

Sans me soucier de Mâ et de ses ordres, que personne, d'ailleurs, n'exécutait, et voyant la panique de toute cette troupe qui tirait n'importe où, je rassemblai tous les hommes de la compagnie d'escorte qui m'entourait, et je donnai à mon lieutenant des indications sur ce qui allait se passer si nous restions les uns sur les autres. Cet officier intelligent, qui ne me quittait guère, et qui avait assisté à la prise des deux petites bandes de la frontière, parla lui-même à nos hommes, et, sur mon ordre, nous descendîmes à bride abattue tout le ravin pour remonter ensuite la petite montagne visée.

J'étais à pied, revêtu d'un vêtement et d'un chapeau chinois, personne ne pouvait se douter qu'un européen fût parmi cette troupe. J'avais pris la tête de mes soldats, revolver au poing, et, j'avançais avec l'entrain d'un professionnel convaincu.

Nous escaladions cette montagne assez facilement, quand une fusillade nous arrêta l'espace d'une demi-minute, mais j'encourageai nos hommes en reprenant, moi-même, la marche en avant, et nous arrivâmes sur la position sans trop de perte et sans trouver âme qui vive. Je rebraquai aussitôt ma lunette dans la direction des pirates que j'avais vu fuir, et je découvris une bande arrêtée presque au faîte de la première montagne. J'avais pris mon parti et je me retournais vers mon lieutenant, quand je m'aperçus que j'avais près de moi, non pas mes quatre-vingt-dix hommes d'escorte, mais au moins cinq ou six cents soldats.

En quittant le haut du ravin avec ma compagnie au pas de course, deux autres compagnies du camp avaient suivi le mouvement sans que je m'en doutasse. Dans cette position, je dépêchai un coureur à Mâ avec recommandation de reculer jusqu'au delà des habitations, puis de déployer tout ce qui lui restait d'hommes et d'envelopper toutes les hauteurs, le village compris. Je l'informai que je marchais avec quatre cents hommes sur la première montagne pour cerner la bande qui s'y trouvait, et que je laissais doux cent cinquante hommes pour surveiller le ravin et le flanc opposé de la deuxième montagne; mon coureur devait ramener deux ou trois cents hommes pour renforcer ces derniers.

A partir de ce moment, tout marcha bien; je sus plus tard que les réguliers restés avec Mâ, qui était toujours dans sa chaise à porteurs, criant, tempêtant, gesticulant et jurant, mais ne se décidant à rien, avaient aussitôt poussé un hurah de satisfaction à l'annonce, par mon coureur, de notre marche en avant et des instructions que je donnais. L'ordre se rétablit, la confiance dans le succès s'affermit et avant la nuit, l'opération menée tant bien que mal donna le résultat cherché.

Quatre-vingt-trois cadavres de pirates restaient sur le champ de bataille, et Mâ avait entre les mains cent douze prisonniers. Un des chefs avait pu se sauver avec ses hommes valides. La bande était d'environ trois cent cinquante fusils.

Après ce succès, il fallait que le Général Mâ et ses troupes se vengeassent de la trahison du village qui avait donné asile aux pirates. Ce fut le côté le moins intéressant de cette colonne. Les réguliers se répandirent dans les ruelles, pillèrent, massacrèrent hommes, femmes et enfants et mirent le feu à toutes les maisons : seule, la pagode fut épargnée à cause de Bouddha.

Quand je vins rallier le Général Mâ, il pouvait être 7 heures du soir ; je dus traverser la rue principale dont les palissades étaient garnies de têtes sanguinolentes. Les soldats étaient las et aspiraient à un repos bien gagné. Je défilais avec eux, harassé de fatigue, à moitié couché sur le cou de mon cheval qui, à chaque pas, enjambait les cadavres jonchant le sol, les uns avec la tête ouverte, les autres, sans tête ou sans bras, lorsqu'un soldat de Mâ, accompagné d'un de ses officiers et d'une vingtaine de réguliers venant au-devant de moi, m'accosta : il portait un morceau de viande attaché par une liane. L'officier, nommé Ouang, entama une longue suite de compliments qu'il m'adressait tout en me conduisant au campement de son chef, et le soldat qui nous suivait prit à son tour la parole et m'offrit, avec force « Tsing-Tsing », la viande qu'il tenait : c'était le cœur et le foie arrachés au chef pirate ! — De ma vie, je ne ressentis plus de dégoût ; jamais je n'aurais cru à pareille cruauté de la part des Chinois qui se targuent d'une civilisation supérieure à la nôtre ; je devais, plus tard, me convaincre de l'habitude invétérée qu'ont les soldats de se nourrir, sur le champ de bataille, de la chair de leurs ennemis. Tout en gagnant l'asile de Mâ, je me livrai à des réflexions qui calmèrent l'appétit que j'avais une heure auparavant et quoi qu'il fît pour m'engager à prendre part au repas qu'il avait fait préparer, je ne pris au dîner que du riz sec et du thé.

Le lendemain matin, après l'exécution de tous les prisonniers qui avaient été interrogés pendant la nuit, nous quittions les lieux pour Yu-Linn, dans la direction de la rivière des Perles. Là, nous apprîmes que le restant des pirates avait filé sur la frontière du Kwang-Tong ; il n'y avait donc rien à faire pour le moment et surtout pour une troupe aussi considérable. Le Général Mâ m'invita à retourner au camp avec mon escorte et les compagnies du Maréchal, ce que je fis, le laissant à Yu-Linn avec ses propres troupes.

Le retour fut accompagné de pluies torrentielles et de chaleurs torrides qui gênèrent considérablement notre marche. Nous passâmes par le village incendié, en évitant la grande rue, car, déjà, se dégageait une odeur insupportable, même pour les soldats chinois dont le nerf olfactif est pourtant accommodant.

La rentrée au camp fut sensationnelle, les troupes rapportaient du butin pillé, et chaque soldat qui, au départ, n'avait sur le dos que sa casaque et son pantalon, revenait avec cinq ou six vêtements de soie ou de coton, enfilés les uns sur les autres, ce qui le faisait paraître double de sa grosseur et grotesque à l'excès.

Le Maréchal, encore à Longtchéou, en discussion avec la Compagnie de Fives-Lille, avait appris du Général Mâ, le triomphe de ses troupes ; il me télégraphia de me rendre auprès de lui. J'attribuai à son second tout le succès de l'opération, sans toutefois lui parler de mon intervention. Mon chef, resta un bon moment dans un mutisme complet, puis, à brûle-pourpoint, me demanda de lui faire connaître les réformes à apporter dans son armée. Tout en ménageant ses susceptibilités, je lui donnai quelques premières indications dont il parut satisfait, car le mois suivant, il me chargea de différents travaux militaires tels que l'établissement d'une poudrière, d'une cartoucherie, etc., etc.

En dehors de mes inspections sur la frontière, et de mes voyages au Tonkin où le Maréchal m'envoyait pour faire connaître de vive-voix à M. Doumer le peu de satisfaction qu'il obtenait des conférences avec Fives-Lille, je passais ma vie au camp, au milieu de la troupe qui, depuis cette colonne, me regardait comme son chef. Tous les soldats me connaissaient et obéissaient à mes ordres avec entrain. Par contre les officiers me témoignaient une hostilité silencieuse. Un jour vint où je dus m'en ouvrir au Maréchal et lui dire mes craintes à ce sujet.

Que se passa-t-il dans la réunion qu'il fit de tous ses mandarins? Je ne le sus jamais au juste ; mon lieutenant d'escorte qui y assistait ne m'ayant raconté qu'une partie du discours que le grand chef prononça à mon propos. Des paroles du Maréchal, il ressortait surtout que, aucun des subordonnés ne devait suspecter ma présence au camp ; que les preuves que j'avais données jusqu'à ce jour étaient un très sûr garant de mes sentiments amicaux et dévoués à sa cause ; que je ne pouvais que continuer à rendre service à son pays, etc., etc., et qu'en conséquence, chaque officier, chaque homme devait, à l'avenir et pendant ses absences du camp, me considérer comme étant son porte-parole, écouter et exécuter mes ordres qui seraient toujours conformes aux siens.

De cette allocution, je ressentis promptement les effets ; ma situation devint plus nette et mon influence au camp beaucoup plus grande. Les officiers chinois étaient fixés et savaient ce qui leur était réservé au cas où j'aurais la moindre difficulté avec eux. Mon programme se réalisait donc petit à petit et j'en étais heureux ; j'aurais voulu que la Compagnie de Fives-Lille marchât de son côté et se dépêchât à conclure son prix forfaitaire, mais elle ne voulait pas démordre du chiffre de 21 millions que M. Gr... avait fixé. Le Maréchal insistait pour que des variantes dans le tracé fussent étudiées afin de rabaisser le chiffre des dépenses ; la Compagnie procédait, après chaque discussion, à l'étude d'une variante nouvelle, mais le prix restait toujours le même. Plusieurs fois j'essayai d'entretenir M. V..., au sujet de la possibilité de réduire certaines dépenses, mais ce représentant, dont le caractère était toujours resté militaire, n'admettait pas qu'on pût changer quoi que ce fût aux ordres qu'il avait reçus, ou aux prix qui avaient été fixés déjà. C'était donc peine perdue que de vouloir activer la solution de cette question qui traînait depuis plus de deux ans.

Le mois suivant, je dus me rendre secrètement aux confins de la frontière Kwang-Si-Hou-Nann pour faire une enquête sur l'assassinat d'un missionnaire du Kwang-Si: le Père Berthollet. Je revins avec un rapport détaillé que je communiquai, en premier, à notre Consul : M. Guillien qui était devenu mon ami. Ce missionnaire avait été assassiné par des soldats miliciens du préfet de l'endroit, à la suite de certains faits dont ce prêtre s'était rendu coupable et sur lesquels je ne veux pas insister. Il fallait une punition exemplaire cette fois, car, l'année précédente, un autre missionnaire : le Père Mazel, avait subi le même sort dans la région de Po-Sseu, à Seï-Linn. Le Maréchal mit tout en œuvre pour retrouver les coupables qui s'étaient enfuis. A quelque temps de là, seulement, ses hommes purent enfin mettre la main sur le meurtrier.

C'est vers cette époque que M. Doumer, après m'avoir entretenu de son projet, invitait le Maréchal Sou à assister aux fêtes qu'il donnait à Hanoï, à l'occasion de la fête de la République.

En conviant ce haut mandarin, le Gouverneur général avait une idée bien arrêtée : d'abord, il voulait que mon chef se rendît compte par lui-même de la prospérité de la colonie voisine, et il désirait, en même temps, réunir chez lui les deux parties qui discutaient depuis des mois à Longtchéou sans pouvoir s'entendre.

Les fêtes furent très brillantes, le Maréchal s'y amusa beaucoup. Une représentation théâtrale donnée en son honneur fut un des faits qui resta gravé dans sa mémoire.

Connaissant les faiblesses du Maréchal, j'avais prié M. le Gouverneur général de faire représenter l'opérette *La fille du Tambour-Major*. Cette pièce, dont je traduisais toute l'action au fur et à mesure qu'elle se déroulait, le tint, contre son habitude, pendant deux heures consécutives, assis dans son fauteuil sans fumer d'opium. Sa joie ne connut plus de bornes quand il vit l'entrée des Français à Milan, qui lui rappelait un des épisodes du règne de Napoléon Ier. « La-Po-Léonn, disait-il dans sa langue, le plus grand général du monde ! »

De la conférence qui eut lieu au Gouvernement général, en présence de M. Doumer, entre le Maréchal et M. V..., il ne résulta rien, les deux parties s'entêtant comme elles le faisaient à Longtchéou, l'une dans le maintien de ses prix, l'autre dans la réduction à apporter à ces mêmes prix.

Pendant les quelques journées que mon chef passa à Hanoï, nous parlâmes souvent avec M. Doumer de cette question du chemin de fer qui devait être résolue d'une manière ou d'une autre.

Le contrat passé à Pékin entre le Gouvernement chinois et la Compagnie de Fives-Lille, était ainsi conçu :

« La Compagnie de Fives-Lille choisie par le Gouverne-
« ment français, est nommée concessionnaire de la ligne à
« construire entre Nam-Quan et Longtchéou. La durée de
« la construction ne devra pas dépasser trois ans après que
« le prix forfaitaire que cette Compagnie devra préalablement
« établir, aura été fixé.

« En cas de non entente dans la discussion de ces prix
« entre la Chine et la Compagnie, une Commission arbitrale
« sera nommée à l'effet de fixer le chiffre total du prix for-
« faitaire. »

Le Maréchal ne pouvant amener la Compagnie à réduire ses prix, demanda à M. Doumer s'il n'était pas opportun de rappeler cette clause du contrat, et de procéder à la nomination d'arbitres, auquel cas, il priait le Gouverneur général de désigner lui-même parmi les ingénieurs français de son service des Travaux Publics, celui qui serait l'arbitre du Gouvernement chinois, voulant ainsi, disait-il, donner une preuve de sa bonne foi dans cette affaire qui menaçait de s'éterniser. M. Doumer y consentit de grand cœur, et pendant que mon chef retournait au Kwang-Si, je filai sur son ordre à Pékin avec des lettres que me remit le Gouverneur général pour notre Ministre : M. Pichon.

Le mois suivant, M. Doumer rentrait en France pour contracter l'emprunt de 200 millions nécessaires à la construction du chemin de fer du Yunnan, et M. V..., qui me savait à Pékin, y accourait, sans ordre de sa Compagnie, après avoir abandonné les affaires à M. J..., successeur de

M. Du..., qui n'avait pu supporter le caractère de l'ancien Colonel et était rentré à Paris.

Après avoir donné à M. Pichon, et sur sa demande, un rapport détaillé de toute la question, que j'avais rédigé sur place, et après que la réunion d'une commission arbitrale eût été arrêtée, je revins au Kwang-Si dans les premiers jours de l'année suivante.

ANNÉE 1899

A mon retour, je trouvai le Maréchal fatigué, déprimé. Il avait eu en mon absence des ennuis de toutes sortes avec le Gouverneur de la province et le Vice-Roi de Canton qui ne lui faisaient point parvenir régulièrement le paiement de sa solde ni celle de son armée, pas même celle affectée à la Commission Impériale du chemin de fer constituée par décret de l'Empereur depuis à peine deux ans. D'autre part, il sentait l'hostilité croissante des mandarins de Pékin qui le combattaient à la Cour et l'accusaient d'être notre allié ; en outre, il était au courant des intrigues de ceux qui désiraient le supplanter comme Directeur général des chemins de fer du Sud, dans l'espoir d'y faire une rapide et grosse fortune et de récolter tous les bénéfices que ne pouvait manquer de rapporter cette affaire de railways qu'il avait tant de mal à mettre debout, etc., etc., etc.

Ma présence le rasséréna un peu. Je lui rendis compte de ma mission et lui remis quelques lettres de ses amis du Nord qui l'assuraient de leur aide en cas de besoin. Je lui transmis les paroles de plusieurs hauts mandarins que j'avais visités de sa part à Pékin, ce qui le calma et lui donna un regain d'activité.

En outre de l'affaire de Fives-Lille, M. Pichon m'avait entretenu de l'assassinat du Père Berthollet et m'avait fait télégraphier, de Pékin, à mon chef, pour que le règlement de l'indemnité réclamée par Mgr Chousy, fût promptement terminé. Dès que je fus au camp, je m'inquiétai de la solution à donner à cette affaire, et, quelques semaines plus tard, une indemnité de 100.000 francs était versée à Canton.

Pendant mon voyage à Pékin, le Maréchal avait dû lui-même aller guerroyer contre une bande de pirates qui dévastaient la frontière du Yunnan, et le camp avait été abandonné deux mois à un commandant qui ne se souciait guère des travaux que j'avais commencés. Je dus les reprendre et les activer dès mon arrivée, car j'attendais ma femme pour la fin de mars et rien encore de la maison n'était achevé. En outre, un bon nombre d'affaires, qui s'étaient passées sur la frontière pendant mon absence, restaient à régler et mon temps s'écoulait avec une rapidité extraordinaire. De plus, le Général Mâ, qui commandait le sud de la province, était débordé par les invasions fréquentes des pirates cantonnais qui franchissaient facilement la frontière chinoise, et il me fallait penser à le ravitailler le plus promptement possible, car le Maréchal commençait à se décharger sur moi de toutes les opérations militaires pour ne penser qu'à son chemin de fer et à la Commission arbitrale qui allait fonctionner dès l'arrivée des arbitres.

C'est à peine si j'eus le temps d'aller recevoir ma femme que je laissai d'ailleurs au Tonkin pendant que je revenais en toute hâte au camp où l'on me réclamait. Enfin, un moment d'accalmie s'étant produit quinze jours plus tard, je pus à nouveau me rendre à Hanoï et faire la connaissance des arbitres : MM. C... et B... Ces deux ingénieurs avaient été choisis à Paris pendant le séjour de M. Doumer qu'ils avaient rencontré, du reste, à leur passage à Saïgon, où le Gouverneur était de retour depuis peu. M. B... était l'arbitre de la Compagnie de Fives-Lille, et M. C... était appelé à être le tiers arbitre. Dès leur arrivée au Tonkin, ils s'étaient abouchés avec M. B...il ingénieur choisi par M. Doumer, pour représenter les intérêts chinois que le Maréchal lui avait confiés huit jours auparavant.

La Commission étant ainsi formée arriva au Kwang-Si le 3 avril 1899. De son entrée à sa sortie, je m'employai à faciliter la tâche qui lui incombait ; je la reçus chez moi où elle resta plusieurs jours ; je lui fournis les hommes nécessaires dans la partie de Nam-Quan au camp retranché et l'accompagnai sur le terrain. Enfin, à Longtchéou où je me rendis par ordre, j'atténuai bien des froissements qui pouvaient amener des complications dans la discussion entre le Maréchal et l'arbitre de Fives-Lille doublé du représentant V... Bien que le Consul de France M. Guillien assistât à ces conférences et cherchât à apaiser l'agent de Fives-Lille, en lui faisant remarquer que les arbitres seuls avaient la parole, il ne put jamais arriver à le calmer. M. V... ne se résigna au silence que lorsque MM. B... et B...il convinrent d'en appeler au tiers arbitre qui était, d'ailleurs, dans une chambre voisine.

Dans le rapport qu'il adressa à Pékin en avril 1899, M. Guillien tint à faire connaître à notre Ministre le service que j'avais rendu aux deux parties mises en présence, dans ces discussions ardues où aucune conciliation n'était possible.

Le tiers arbitre entrant en scène, les deux autres discutèrent avec lui l'établissement du prix forfaitaire sans que ni l'une ni l'autre des deux parties n'intervînt.

M. B...il, ingénieur au Tonkin depuis une vingtaine d'années et arbitre des Chinois, pouvait, en toute connaissance de cause, discuter les prix de Fives-Lille et les comparer à ceux du Tonkin où il construisait des chemins de fer depuis dix ans avec la main-d'œuvre recrutée au Kwang-Si.

M. B..., ingénieur et arbitre de Fives-Lille, n'était jamais venu en Extrême-Orient et ne se basait que sur les prix fixés par le Représentant de la Compagnie M. Gr., pour soutenir la discussion avec son adversaire.

Quant à M. C..., le tiers arbitre, il n'avait, je crois, jamais quitté Paris ; il ne pouvait donc avoir aucune donnée sérieuse sur la main-d'œuvre employée en Chine et sur les prix des matériaux à prendre sur place, bien qu'il fût âgé de soixante-dix ans et homme fort expérimenté dans les travaux faits en Europe.

La commission arbitrale, travaillant tous les jours sans interruption, mit plus d'un mois pour arriver au résultat surprenant que voici :

Le premier représentant Ch... avait remis aux Chinois, un état estimatif s'élevant à . . 11.500.000 fr.

Le deuxième, M. Gr.. avait estimé la dépense totale à . . . . 21.000.000 fr.

La commission arbitrale fixait le prix forfaitaire à . . . . 22.300.000 fr. !

Je dois dire que M. B...il, arbitre des Chinois, ne cessa de protester contre les prix que fixait le tiers arbitre pour chaque chapitre, mais que pouvait-il contre les deux arbitres réunis?

Il se contenta de rendre compte de sa mission à M. Doumer.

Le Maréchal télégraphia immédiatement à son gouvernement le résultat de l'arbitrage. Le 10 mai, il recevait l'ordre de se rendre à Pékin; le 17, il quittait le Kwang-Si par la rivière de Canton, me laissant toutes ses affaires militaires et autres à diriger, car il ne savait encore les raisons pour lesquelles son gouvernement l'appelait d'urgence à Pékin, après avoir nommé intérimaire pendant le temps que devait durer son absence, le Général Mâ, et dans lequel il n'avait aucune confiance.

Quelles étaient ces raisons? Je ne l'appris que quelques jours plus tard, lorsque M. Doumer, que j'avais informé de ce départ inattendu, me fit savoir qu'il s'agissait d'une affaire à traiter entre les Gouvernements français et chinois, et me tranquillisa. Mais toute la gente militaire, mandarins, officiers et soldats, était loin d'être rassurée, quoi que je dise, quoi que je fasse; ce départ avait été trop brusque, tous croyaient à une disgrâce et commençaient à montrer leur mécontentement. Le Général Mâ avait dû faire quelques exécutions exemplaires pour que tout ce monde ne se révoltât pas, mais les soldats se moquaient de lui et ne parlaient rien moins que de lui faire un mauvais parti. Il me fallait une fois de plus l'assurance formelle de M. Doumer que l'absence du Maréchal ne serait que de courte durée, pour me donner la force de maintenir le camp et le ramener au sentiment d'ordre et de discipline que je m'efforçais de lui inculquer depuis près d'une année.

Depuis qu'il avait quitté Longtchéou, le Maréchal me télégraphiait de chaque port de la rivière des Perles qu'il descendait à petites journées; de mon côté, je lui rendais compte de la situation et des embarras dans lesquels je me trouvais, car c'était la première fois qu'il abandonnait son commandement et me confiait une responsabilité sérieuse. Bien que le Général Mâ fût chargé de l'intérim et par conséquent du paiement des soldats, ces derniers, qui n'avaient qu'une mai-

gre confiance dans l'honnêteté et dans la capacité adminis-
trative de ce mandarin, venaient fréquemment me faire part
de leurs craintes. Mon chef, en me donnant ses instructions
avant de partir, avait annoncé devant moi à ses troupes,
l'envoi par Canton de la solde du premier mois et m'avait
chargé d'en surveiller la distribution. Il m'avait également
promis de faire régler, à son passage à Canton, tous les arriérés qui lui étaient dus, et sur lesquels je devais être remboursé
des avances que je lui avais consenties et des appointements
que me devait la Commission Impériale des chemins de fer
et que je n'avais pas touchés depuis plusieurs mois.

En réponse à un télégramme que je lui adressais à Wou-
Chéou-Fou, le Maréchal m'avait confirmé ses instructions et
ses promesses que j'avais fait à nouveau connaître au camp,
en assurant la troupe de mon intervention au cas où la distribution ne serait pas faite en temps voulu. Les réguliers
reprirent vite leur train habituel et me reconnurent comme
leur seul chef en l'absence du « Kong-Pao ». J'instruisais
toutes les affaires, aussi bien celles de la frontière que celles
du camp et de l'intérieur ; je rendais même quelquefois des
jugements que j'envoyais au Général Mâ, pour qu'il les fît
exécuter, car lui seul, intérimaire, disposait du sceau du
Généralissime.

Je profitai du calme qui était revenu pour me rendre au
Tonkin avec ma femme, car elle avait encore des achats à
faire pour l'ameublement de notre maison. Avant de me mettre
en route, j'invitai le Général Mâ à demeurer au camp de Pinh-
Shiang pendant mon absence qui ne devait pas excéder une
semaine.

A Hanoï, j'appris par M. Faure, chef de cabinet de M. Doumer, la raison principale pour laquelle mon chef avait été
appelé à Pékin. Il s'agissait de la délimitation des frontières
du territoire de Kwang-Tchéou-Wang que venait de nous
céder à bail le Gouvernement chinois, afin d'y établir un parc
à charbon. Le Gouvernement général, en me faisant part de
ses craintes sur l'influence, peut-être néfaste, que pouvaient
exercer certains sujets anglais, au passage du Maréchal à
Hong-Kong, m'avait fait sentir que ma présence dans cette
possession anglaise rassurerait le Gouverneur général ; je

pris mes dispositions pour m'y rendre, et quatre jours après je descendais chez M. Le Roux, Consul de France à Hong-Kong, lequel avait été informé télégraphiquement du passage du Maréchal Sou et de mon arrivée.

Pendant les six jours qu'il resta à Hong-Kong, je ne quittai pas le Maréchal, et aucune personne ne vint le voir sans qu'elle ne m'eût fait préalablement passer sa carte. Jusqu'à son embarquement sur un des bateaux de la Compagnie des Messageries Maritimes, je m'entretins avec lui des affaires du Kwang-Si et de celles qu'il allait traiter à Pékin concernant Kwang-Tchéou-Wang. Enfin il m'avait annoncé que, à son passage à Canton, l'expédition de la solde avait été faite au Général Mâ pour deux mois, et que des arriérés lui seraient réglés à son retour de Pékin.

Je revins à Hanoï où je rendis compte de ma mission, et, quelques jours après, j'étais de retour au camp avec ma femme et j'y reprenais mes fonctions.

Si nous étions relativement tranquilles à Pinh-Shiang sur le sort et le but du voyage du Maréchal Sou, il n'en était pas de même dans l'intérieur de la province, car, un mois après son départ, nous recevions des nouvelles alarmantes. Des bandes, profitant de l'émoi général provoqué par l'appel soudain du « Kong-Pao » à Pékin, se reformaient du côté de Nanning-Fou et pillaient les joncques sur la rivière, puis se répandaient dans les villages riverains qu'elles volaient et dévastaient. Il nous fallait prendre une décision immédiate. Le Général Mâ vint conférer avec moi, et quelques jours après, il partait dans la direction du fleuve avec quinze cents hommes et trois canons de montagne.

Entre temps, des bruits extraordinaires circulaient sur la frontière française ; on racontait que le Maréchal s'était suicidé en route, que Mâ était parti avec quatre mille hommes à Nanning-Fou, que toute la province était en révolution, etc., etc. (A. nᵒ 11, page 8).

Je tranquillisai tout le monde en écrivant, d'abord au Consul de France, puis aux Commandants des territoires militaires à Langson et à Caobang, en les assurant qu'aucun danger ne menaçait la frontière, ce qui faisait dire au Colonel de Joux, revenu au Tonkin reprendre le commandement du premier territoire, après le départ du Colonel Lefèvre promu général, que « tant que Bertrand ne viendrait pas se réfugier à Langson, il ne craignait absolument rien pour ses frontières. »

D'autre part, les missionnaires de l'intérieur m'assaillaient de réclamations que je m'empressais de satisfaire, suivant les moyens dont je disposais; mais je ne pus prendre sur moi de leur envoyer les armes qu'ils me demandaient pour se défendre contre la piraterie qui se répandait jusqu'à Chang-Sseu.

Le Général Mâ, parti à Nanning-Fou et occupé à réprimer les actes de brigandage commis journellement sur le fleuve et ses abords, m'avait laissé seul sur les frontières avec carte blanche pour leur administration. Le nombre des affaires croissant chaque jour, je n'avais pas un moment de répit, car il me fallait faire moi-même toutes les correspondances en français, en chinois et en anglais pour le service des Douanes Impériales. Je n'avais aucun aide, aucun secrétaire. C'est à peine si je trouvais le temps de dormir et ma femme commençait à s'inquiéter sérieusement de ma santé. Elle-même était toute la journée avec les ouvriers qui terminaient notre maison, et procédait à l'aménagement et à l'installation du mobilier qu'elle avait amené de Paris et de Hanoï. Ni l'un, ni l'autre, ne pouvions continuer longtemps un pareil surmenage. Pour comble de malheur, je ne recevais pas d'argent pour le camp, malgré les promesses formelles du Maréchal qui devait en expédier de Pékin dès son arrivée. Les soldats n'étaient plus aussi traitables, ils accusaient le Maréchal d'abandon, et mes moyens d'action diminuaient sensiblement, n'ayant pas, moi-même, un dollar en caisse. De son côté, le Général Mâ m'écrivait qu'il n'avait reçu aucun subside du Vice-Roi, et qu'il était sans ressources. J'étais dans une position très critique, car les télégrammes que j'envoyais au Maréchal à Pékin restaient sans réponse. En outre, quelques bandes de l'intérieur avaient pillé des villages, enlevé des femmes et des enfants, et la compagnie, que j'avais expédiée sur les lieux, avait profité du non-paiement de la solde pour mettre à contribution les villages où elle était passée, lesquels protestaient maintenant auprès de moi et réclamaient des indemnités. De Chang-Sseu, gros centre du Sud-Est, je recevais par l'entremise du Consulat une demande de fusils qu'adressait un missionnaire pour ses catholiques. Le Général Mâ, toujours à Nanning, ne venait pas à bout des bandes qu'il poursuivait. Enfin, à trois kilomètres de chez moi, une escorte de munitions avait été attaquée et deux réguliers avaient été blessés. Je ne savais où donner de la tête en présence de tant de complications. C'est alors que je mis le Colonel de Joux au courant de la situation grave dans laquelle je me trouvais et lui fis savoir que, malgré toute ma bonne volonté, il m'était impossible de continuer à garder une responsabilité aussi grande, et d'assurer plus longtemps la tranquillité de la frontière française si je ne recevais la solde des troupes.

Deux jours après l'envoi de cette lettre, le Colonel de Joux m'informait qu'une traite de 40.000 piastres venait de lui être adressée, en son nom propre, par le Maréchal, et de Pékin, afin qu'il pût la toucher à la banque du Tonkin et la fit parvenir au Général Mâ. (A. n° 12, pages 8, 9, 10, 11).

La situation était sauvée (15 sept. 1899), mais tout ce surmenage m'avait brisé ; je tombai malade et dus, bon gré mal gré, me reposer.

C'est au lit que je reçus, et la nouvelle de la nomination du Maréchal Sou, comme plénipotentiaire du Gouvernement chinois pour la délimitation de notre future possession de Kwang-Tchéou-Wang, et celle de son départ pour Shang-Haï, sur un bateau de guerre français qui l'amenait à Canton (A. n° 13, page 12). Nous étions au mois d'octobre, et cette nouvelle datait de la fin de septembre ; les opérations de délimitation devaient par conséquent être commencées, et je ne désespérais pas de voir revenir mon chef avant la fin de l'année.

Les 40.000 dollars reçus et, en partie, distribués aux troupes, avaient ramené la docilité chez nos soldats qui redevenaient ce qu'ils étaient naguère convaincus, cette fois, que Sou restait toujours leur chef quoiqu'il fût en mission dans la province du Kwang-Tong par ordre de l'Empereur. Je me faisais porter de temps à autre au Yamenn du camp où j'expédiais les affaires courantes, laissant la surveillance de la frontière à un capitaine qui avait ma confiance, car je ne pouvais encore remonter à cheval. J'étais entouré d'attentions par tous les officiers qui venaient chaque jour s'informer de ma santé. Le Général Mâ, lui-même, revenu de Nanning pour toucher les 40.000 piastres des mains du Colonel de Joux, m'entourait de prévenances ; les femmes des mandarins, inquiètes de me savoir malade, s'enquéraient auprès de ma femme ; les notables des villages m'envoyaient de la volaille, des œufs, des fruits, jusqu'à des remèdes chinois qui devaient hâter ma guérison. Toutes ces petites attentions de la part de ces gens d'une autre race, ne me laissaient pas insensible ; je voyais par là que j'étais pour eux plus qu'un étranger, et je me sentais plus d'estime pour les Chinois, ayant jusque-là douté de leurs sentiments.

Au fur et à mesure que ma santé se remettait, je reprenais courage et je m'intéressais de plus en plus à l'avenir de la province. J'avais fait venir une collection de règlements militaires français que je travaillais avant d'établir ceux que je devais appliquer à des soldats mercenaires et à une administration entièrement différente de la nôtre. Petit à petit mon rêve du début se précisait ; seule, l'affaire du chemin de fer me désespérait.

Le représentant V... était à son tour rentré en France laissant sa succession à l'arbitre de la Compagnie de Fives-Lille : M. B..., nommé à sa place dès que le prix forfaitaire avait été fixé par le tiers-arbitre. Depuis trois mois, M. B... était à Pékin profitant de la présence du Maréchal pour soutenir devant le Tsong-Ly-Yamen le projet de sa Compagnie et ses prix. J'étais à me demander si jamais Fives-Lille construirait son chemin de fer, quand, le 14 octobre, j'appris l'intervention de M. Pichon qui avait pu amener le Gouvernement chinois à établir sa ligne au Kwang-Si, non plus à voie normale, mais à voie de 1 mètre, pour faire suite à celle du Tonkin. Ce même courrier me renseignait sur la nouvelle convention passée à Pékin, le 17 septembre précédent, entre la Compagnie de Fives-Lille et les Chinois : la Compagnie devait élaborer un nouveau projet pour une voie de 1 mètre dont le coût ne s'écarterait pas du chiffre de 3.200.000 taëls, soit 11 millions 1/2 de francs ; le Gouvernement chinois versait à la Compagnie concessionnaire une somme de 160.000 taëls, soit

600.000 francs pour les dépenses que cette société avait fait en études du premier projet à voie normale, mis de côté et abandonné.

J'étais en pleine convalescence et je projetais une tournée sur la frontière, pour vérifier les bruits de révolte qui circulaient dans les territoires militaires et dont le Colonel de Joux m'avait entretenu dans ses lettres précédentes, lorsque je reçus, de mon chef, un télégramme m'appelant en toute hâte à Kwang-Tchéou-Wang.

A quoi pouvais-je être utile au Maréchal Sou dans la province du Kwang-Tong que je connaissais à peine ? Je savais, par les journaux du Tonkin, que les pourparlers étaient entamés entre lui et l'Amiral Courrejoles qui traitait pour le Gouvernement français, et que M. Khan, délégué par M. Pichon, était son interprète ; je ne pouvais supposer un seul instant que mon chef pût m'appeler pour l'affaire de Kwang-Tchéou-Wang. J'écrivais au Colonel de Joux en lui communiquant cette dépêche, quand un second télégramme arriva à l'adresse du Général Mâ l'invitant à me décider à partir sur-le-champ pour l'île de Haï-Nann où une canonnière chinoise m'attendait ; d'autre part, le colonel de Langson me transmettait officiellement un télégramme du Gouvernement général à qui le Maréchal réclamait ma présence pour le bien des deux pays.

Bien que convalescent seulement, je n'hésitai pas à partir et pris mes dispositions pour me rendre dans cette province.

Ma femme ne voulut pas quitter Pinh-Shiang où des ouvriers, venus tout exprès du Tonkin, terminaient les peintures de la maison ; elle resta seule au camp, après que le Général Mâ m'eut assuré de son entière sécurité. A mon passage à Langson, j'avais prévenu le Colonel de Joux au cas où ma femme eût eu besoin de quoi que ce soit pendant mon absence.

En passant à Hanoï, le Gouvernement général me fit sentir tout l'intérêt que la France avait de traiter rapidement la question des délimitations, et ne me cacha pas qu'il ne comptait que sur ma présence et l'influence que j'exerçais sur le Maréchal pour en activer la solution.

Quelques jours après, je débarquais à Haï-Nann chez le

Consul de France et j'attendais l'arrivée de la canonnière chinoise ; deux jours plus tard j'étais en partance pour Hoï-Téou.

C'était la première fois que je mettais le pied sur un bateau de guerre chinois ; au premier coup d'œil, je reconnus l'ordre qui y régnait. Ce fut une traversée épique et mouvementée qui fut loin de me charmer. Sous prétexte de la mousson, on côtoyait le continent, d'où un mouvement de roulis continuel qui devenait insupportable la nuit, car nous jetions l'ancre à 7 heures du soir, le commandant chinois n'ayant aucune carte sérieuse, disait-il, ne pouvait voyager après la tombée du jour.

Nous mîmes deux jours et deux nuits, alors que les bateaux de commerce font le même parcours en un jour et demi au maximum, pour arriver au port de Kwang-Tchéou-Wang.

J'étais à peine débarqué, que l'officier d'ordonnance du Maréchal s'élançait à ma rencontre et m'apprenait tous les ennuis qu'avait eus son chef depuis son arrivée à Hoï-Téou. Non seulement aucune entente n'était intervenue depuis un mois entre l'Amiral et le Maréchal, mais la question s'était envenimée ; les troupes françaises et chinoises s'étaient rencontrées, des engagements avaient eu lieu les jours précédents, quelques Français avaient été tués et si la guerre n'était pas ouvertement déclarée entre les deux gouvernements, le Vice-Roi de Canton la faisait avec ses troupes : il ne voulait céder un pouce de son territoire à la France.

Une heure après, le Maréchal, que je trouvai affaibli sur son lit de camp, me confirmait les paroles de son subordonné et m'apprenait les difficultés qu'il éprouvait à entretenir, par l'entremise de M. Kahn, l'Amiral Courrejoles. De ce moment, je compris la raison pour laquelle il m'avait mandé. Le jour même, je me mis en relations avec l'Amiral, qui devait me considérer, par la suite, comme le seul plénipotentiaire avec qui il avait à traiter et à solutionner une question qui l'ennuyait fort, depuis les quelques mois que ses bateaux étaient mouillés dans cette magnifique rade dénuée de toute ressource.

Les faits qui se passèrent à Kwang-Tchéou-Wang pendant tout mon séjour sont consignés sur un journal spécial. La vérité sur cette affaire de délimitation de notre nouveau territoire, qui n'a jamais été bien connue du public, apparaît fort claire et ne peut être mise en doute. Pendant près de deux mois que je restai là, j'assistai à toutes les affaires militaires, à toutes les conférences des deux plénipotentiaires. Avec le Commandant Ronget, de l'infanterie coloniale, délégué par l'Amiral, je fis la délimitation, malgré le feu que trois mille soldats chinois du Vice-Roi ouvraient par instants sur nous. Je fis, moi-même, à l'Amiral Courrejoles, la remise des corps des deux enseignes de vaisseau Khunn et Gourlaouen qui s'étaient, à la suite d'une imprudence inexcusable, fait prendre et massacrer et auxquels les rebelles avaient arraché le cœur et le foie selon leur habitude. Enfin, devant l'Amiral et tout son état-major composé du capitaine de vaisseau de Marolles, du capitaine de frégate de la Ruelle, des officiers du d'*Entre-Casteaux*, de ceux de l'infanterie coloniale, du Colonel Marot, etc., je fis signer au Maréchal la délimitation au nom de son gouvernement dont il avait tout pouvoir; et je ne crains pas de dire, devant ceux de ces officiers survivants qui peuvent en témoigner, que sans la fermeté dont je fis preuve en la circonstance, le territoire de Kwang-Tchéou-Wang ne serait pas aujourd'hui ce qu'il est, en grandeur et en étendue, car l'Amiral Courrejoles, qui voulait à tout prix signer une convention quelconque pour lever l'ancre, se souciait fort peu de comprendre les deux îles principales de Tan-Haï et de No-Chau qui forment la plus grande richesse de ce coin de la Chine devenu français.

Avant de me faire reconduire à Hong-Kong par le *Descartes*, commandé par le capitaine de frégate Philibert, car le Maréchal Sou avait filé sur Canton après la signature du traité, l'Amiral me remercia très vivement, en son nom propre, me faisant espérer la récompense qu'accorde le Gouvernement français pour les services de cette nature; de son côté, l'interprète Kahn me présentait, au nom de notre Ministre à Pékin, tous ses remerciements (A. 13 *bis*, page 12) (A. n° 13 *ter*, page 13).

De Hong-Kong, je partis rejoindre mon chef à Canton où il était allé rendre compte de sa mission ; je le trouvai encore plus malheureux que lors de mon arrivée à Hoï-Téou. Le Vice-Roi n'avait pas voulu le recevoir et ne lui pardonnait pas d'avoir signé la cession du territoire de Kwang-Tchéou contre laquelle, du reste, il protestait de toutes ses forces à la Cour de Pékin. Le déplacement de ce Vice-Roi, survenant pendant notre séjour même à Canton, fut l'œuvre de notre Ministre Pichon ; il mit définitivement fin à cette question de cession, et, peu de temps après, le traité fut ratifié par les Gouvernements chinois et français.

Le Maréchal désirait remonter la rivière des Perles pour rentrer dans ses États du Kwang-Si, et la durée de son voyage devant être d'une cinquantaine de jours, il ne voulut pas m'imposer cette fatigue ; de plus, ma présence était indispensable au camp. Après avoir reçu ses instructions, je repassai à Hong-Kong où je revis le Consul de France, M. le Roux, qui, mis au courant par les officiers de l'escadre, de la part que j'avais prise à Kwang-Tchéou-Wang, me fit le plus chaleureux accueil ; enfin, je m'embarquai à nouveau pour rallier mon poste où il me tardait d'arriver.

J'y retrouvai ma femme en parfaite santé et la maison entièrement achevée. Elle avait passé ces deux mois avec ses ouvriers qu'elle avait dirigés, activés, réglés elle-même, puis congédiés. Tout était paré. Nous n'attendions plus pour l'inaugurer que l'arrivée du Maréchal qui, suivant mes prévisions, devait être au camp un mois après. Mais nous comptions sans la Cour de Pékin et les ennemis de mon chef qui l'accusaient d'avoir vendu Kwang-Tchéou aux Français. Leurs intrigues décidèrent l'Empereur à suspendre « Kong Pao » et à le renvoyer dans ses foyers. Il fallut à nouveau l'intervention de M. Pichon que j'avais informé télégraphiquement de cette disgrâce, pour le tirer de ce mauvais pas et le faire revenir, malgré la Cour, à Longtchéou, quelque temps après.

ÀNNÉE 1900

J'étais à peine de retour au camp, fatigué du déplacement
que je venais de faire à Kwang-Tchéou-Wang, qu'il me fallut reprendre les rênes du gouvernement militaire; le Général Mâ, toujours intérimaire en attendant l'arrivée de Sou,
ne s'occupant à peu près de rien. Ce général de brigade,
second du Maréchal, n'était parvenu à ce grade que pour
le prétendu courage montré en plusieurs circonstances, notamment pendant la guerre du Tonkin où il avait reçu deux
balles, dont une dans le dos qu'il gardait, du reste, comme
un mauvais souvenir, car il n'avait jamais voulu la faire
extraire, ce qui eût été l'affaire de deux minutes. Il était
complètement illettré et avait recours à des scribes de pro-
fession pour faire ses rapports et ses lettres chinoises, souvent même, pour contrôler ce que ses écrivains lui avaient
lu, il venait me trouver et me passait leurs écrits afin qu'à
mon tour, je lui en fisse la lecture. Dans ces conditions,
pendant mes absences et par prudence, il laissait toutes les
affaires de la frontière en suspens jusqu'à ce que je fusse là
pour les débrouiller avec les autorités françaises. J'avais
donc, à chaque retour, une volumineuse correspondance à
dépouiller, puis des enquêtes à ordonner et enfin des répon
ses à faire aux commandants des territoires français. Aussi
fus-je assez satisfait d'apprendre par le Gouvernement général de l'Indo-Chine l'arrivée prochaine du Maréchal. J'espérais l'entretenir très sérieusement, cette fois, de ma situation
financière qui devenait embarrassante, car, non seulement je
faisais crédit au Maréchal, depuis plusieurs mois, de ma solde
dont il disposait pour ses besoins personnels après l'avoir
prélevée sur les fonds destinés à l'entretien de la Commission

Impériale dont je faisais partie depuis décembre 1897, mais encore, j'avais avancé les sommes nécessaires à tous les déplacements qui m'avaient été ordonnés pour le service de la police frontière, pour le voyage à Pékin en 1898, pour la délimitation de Kwang-Tchéou ; j'avais payé tous les frais de réceptions des autorités françaises venues à Pinh-Shiang officiellement : M. Roume, M. Doumer, des missions, etc., etc. frais qui se montaient à un chiffre relativement élevé, à cause de mon éloignement des centres d'approvisionnement ; de plus, je lui avais prêté, pour le paiement de ses troupes, en attendant qu'il reçoive de son gouvernement le montant des dépenses faites pour l'installation de ses forts, des sommes importantes et qui représentaient toute ma fortune. Je me trouvais au commencement de 1900, sans argent disponible et dans l'obligation d'emprunter, moi-même, pour subvenir à mes besoins personnels, et aux frais même des réceptions qu'il me fallait donner à mes compatriotes que m'envoyait le Gouvernement général de l'Indo-Chine dont, cependant, je ne touchais pas un centime (A. n° 14, pages 14-15).

D'autre part, les réguliers, qui pendant l'intérim de Mâ, n'avaient reçu que la moitié de leur solde et qui s'en plaignaient tous les jours à moi, attendaient anxieusement l'arrivée de leur chef.

En février, le Maréchal revint à Longtchéou, heureux de l'intervention du Gouvernement français qui venait de le faire réintégrer dans ses dignités et fonctions. Entre temps, M. le Consul Guillien avait été appelé à Canton par M. Pichon pour être placé au Consulat, près de M. Hardouin, nouvellement nommé à ce poste, au moment où Ly-Hung-Chang prenait la succession du Vice-Roi détrôné à la demande du Ministre de France. J'ai toujours regretté le départ de M. Guillien, pour lequel j'avais la plus profonde estime ; son successeur, jeune débutant peu expérimenté, ne devait pas rester longtemps à Longtchéou.

Dès le retour du Maréchal, le représentant de Fives-Lille revenu au Kwang-Si, après la signature à Pékin, du traité de septembre 1899, accapara le Directeur général des chemins de fer, et, sans lui laisser le temps de remonter à son camp retranché où des affaires importantes l'appelaient, entama avec lui la discussion du nouveau projet pour la voie de 1 mètre, que son ingénieur, M. J..., avait étudié dès que la décision avait été connue. Cette discussion, qui dura une quinzaine de jours, fut le prélude de la rupture définitive entre la Compagnie et les Chinois. Bien que M. B... se fût engagé, au nom de ses mandants, et devant notre Ministre à Pékin, à étudier un nouveau projet dont le coût devait approcher sensiblement de 11 millions 1/2 de francs, il présentait aux Chinois un projet s'élevant à 15 millions de francs (4.450.000 taëls). Devant ces nouvelles prétentions, le Maréchal ne put qu'en référer à son Gouvernement, lequel refusa d'accepter le chiffre demandé par la Compagnie française, et ordonna de suspendre à l'avenir tout pourparler avec M. B... qui ne tenait pas ses engagements, et de cesser le paiement des sommes que présenterait chaque mois la Compagnie, conformément aux clauses de la convention de septembre 1899. Il était dit, en effet, que pour faciliter de nouvelles études répondant à un tracé de la voie de 1 mètre demandé par le Gouvernement chinois, qui abandonnait décidément la voie normale, ce dernier prenait à sa charge les dépenses que nécessiterait l'élaboration du nouveau projet, et payerait mensuellement, après les avoir contrôlés, les états que soumettrait la Compagnie concessionnaire, jusqu'à la remise du prix forfaitaire pour cette voie de 1 mètre.

Au même moment, M. Pichon venait au Tonkin visiter notre colonie. Le représentant de Fives-Lille, sans doute peu soucieux de le rencontrer et de lui faire part de l'échec qu'il venait de subir, ne fut pas à Langson où cependant vint notre Ministre et toute sa suite.

De son côté, le Maréchal qui avait reçu des ordres exprès de son Gouvernement ne tenait pas à les enfreindre, après la disgrâce qu'il venait de supporter à la suite de la délimitation de Kwang-Tchéou, et, par conséquent, à reprendre des pourparlers pour la question chemin de fer; il prépara son départ pour le nord de la province où, pendant son absence, de nombreuses bandes s'étaient formées venant du Kouei-Tchéou et du Yunnan, et menaçaient de descendre encore sur Nanning, pour se joindre à la société dite « des Boxeurs » qui faisait sa première apparition.

Sur un télégramme de mon chef, je me rendis à Longtchéou

où j'appris, et la rupture avec Fives-Lille et les préparatifs pour de nouvelles colonnes. C'est à peine si je pus l'entretenir de moi-même et des embarras d'argent dans lesquels je me trouvais, ainsi que les troupes du camp. Il me promit cependant de me régler les sommes que je lui avais prêtées dès qu'il recevrait les subsides qu'il avait demandés à Canton. Il ne laissait au camp que deux compagnies et les postes de la frontière au complet, et emmenait tout le reste.

Avant de quitter Longtchéou, je voulus pourtant qu'il vît le général Borgnis-Desbordes qui m'avait donné rendez-vous à la Porte de Chine, et je l'emmenai avec moi jusqu'à Nann-Quan, où nous nous rencontrâmes avec le Général français et le Colonel de Joux qui l'avait accompagné. Le Maréchal et lui se concertèrent pour un voyage prochain que désirait faire le Colonel à Longtchéou même ; mon chef retarda son départ pour recevoir celui qu'il appelait son vieil ami ; et de fait, il aimait tout particulièrement le Colonel de Joux qu'il embrassait à chaque rencontre. A Longtchéou, le Maréchal lui parla à cœur ouvert et lui fit part de ses ennuis avec la Compagnie de Fives-Lille, lui raconta toutes les vexations qu'il subissait de son gouvernement, la suspicion où on le tenait depuis l'année précédente, ses pouvoirs réduits et les retards mis avec intention, au paiement des arriérés des dépenses qu'il avait dû faire pour la construction des fortifications par ordre Impérial. Il l'entretint des projets d'avenir qu'il formait pour le Kwang-Si avec le concours de la France, projets que, petit à petit, je lui avais fait adopter, etc., etc. Enfin, il se plut, ce jour-là, à faire remarquer la loyauté des autorités françaises, tout en déplorant la mauvaise foi dont la Compagnie de Fives-Lille faisait preuve dans cette première affaire qui devait être pourtant le début de la pénétration dans l'intérieur de la Chine et la source de bénéfices, puisqu'elle devait drainer les produits de trois provinces pour les transporter jusqu'aux portes indo-chinoises.

De ce séjour à Longtchéou, le Colonel de Joux emporta un souvenir qui reste encore gravé dans sa mémoire, j'en suis persuadé. Il fit part à M. Doumer de tout ce qu'il avait vu et appris, et ne lui cacha pas les embarras de toutes sortes dans lesquels se trouvait l'ami de la France et, peu de temps après, il m'écrivit à ce sujet.

Le Maréchal parti en colonnes, je redevins seul au camp, chargé de la frontière avec le Général Mâ. Je ne fus pas long-temps tranquille, car dans l'espace d'une dizaine de jours, je reçus une centaine de suppliques des chefs de villages et de cantons m'annonçant que des petites bandes de pirates appa-raissaient dans tous les districts. D'un autre côté, le comman-dant du premier territoire me faisait connaître l'assassinat d'un sergent français par une bande opérant sur la frontière (A. n° 15, page 15). C'était le commencement d'un soulèvement certain ; je ne pouvais assumer une pareille responsabilité avec un homme tel que Mâ ; je télégraphiai au Maréchal que, s'il ne revenait immédiatement, je quittais le camp pour le Tonkin. Deux jours après, il me répondait qu'il arrivait en toute hâte.

Le jour où je le revis à Pinh-Shiang, la révolution des Boxeurs éclatait à Pékin.

Je ne retracerai pas ici les phases de cette révolte que tout le monde a connue et suivie depuis le premier coup de feu de armées impériales, les « Boxeurs » (4 juin) jusqu'à l'entrée des troupes européennes à Pékin (15 août).

La Cour Impériale, en fuite et réfugiée à Sinu-Ngan-Fou, laissait le gouvernement des provinces aux Vice-Rois et dans un état d'anarchie complet. Nous n'avions au Kwang-Si que des renseignements bien vagues sur les événements qui se déroulaient à Pékin. J'étais assez inquiet de voir mon chef recevoir de volumineux courriers qu'il me cachait et dont il ne soufflait mot ; de plus, le code télégraphique chinois avait reçu quelques modifications et je ne pouvais plus avoir les traductions exactes des dépêches dont le haut mandarin était assailli. Des mandarins de Canton arrivaient en mission secrète auprès de lui, et je ne pouvais en connaître l'objet. Devant la tournure que prenaient les événements, je crus bon de prendre quelques précautions (A. n° 16 et 17, pages 5, 16, 17). Après m'être entendu avec le Colonel de Joux, je fis porter à Langson tous mes papiers de famille et les quelques valeurs que je possédais au camp (A. n° 18, page 18), et il fut convenu avec lui que, au cas où je me trouverais dans la nécessité de quitter rapidement Pinh-Shiang, je rallierais avec ma femme le plus prochain poste français. Je n'en continuais pas moins cependant, à m'occuper des affaires de la frontière comme par le passé, conservant mon calme habituel, mais aussi mes deux chevaux sellés à l'écurie prêts à partir à la moindre alerte, car, au fond, j'étais peu rassuré pour nos frontières dont les indigènes, travaillés par les agents des sociétés secrètes, commençaient à devenir turbulents. En outre, les bandes pirates de l'intérieur se multipliaient, et bon nombre d'habitants s'enrôlaient de gré ou de force dans les sociétés qui, maintenant, s'intitulaient « Boxeurs ». Les membres actifs se répandaient partout, entrant chez les commerçants, chez les paysans qu'ils menaçaient de mort s'ils ne versaient pas une cotisation en s'inscrivant comme adhérents ; des placards étaient affichés sur les murs des pagodes et des Yamens, invitant la population et les soldats du camp à profiter des troubles de Pékin pour se révolter en masse et chasser les « diables étrangers », etc.

D'autre part, le Maréchal qui ne recevait plus d'argent, ne pouvait payer la solde de ses hommes et n'avait pas même la ressource de fournir le riz nécessaire à leur existence ; plusieurs désertions avaient eu lieu et il sentait, ainsi que moi, que les réguliers ne resteraient pas longtemps dans sa main, attirés qu'ils étaient par les chefs invisibles des sociétés qui leur promettaient de l'argent et des pillages.

Qu'allait-il se passer ? Que pouvait penser mon chef de l'état du pays et de la révolution de Pékin ? Qu'allait-il devenir, lui-même, en présence d'une pareille anarchie, et toujours en butte aux vengeances de ses ennemis qui ne cessaient de le traiter en vendu aux étrangers depuis Kwang-Tchéou ?

En ce moment critique, ce fut vers moi qu'il se retourna, pour avoir non seulement un réconfort moral, mais encore un appui matériel qui le sauvât de la fâcheuse impasse où il se trouvait. Je lui fis comprendre tous les avantages qu'il pouvait retirer de la bonne amitié de la France, laquelle n'avait pas hésité à le faire revenir à son commandement après sa disgrâce, malgré l'opposition qu'elle avait rencontrée à la Cour, et qui ne l'abandonnerait jamais, connaissant les sentiments qu'il témoignait à notre patrie. Je lui promis que j'allais m'entremettre auprès de M. Doumer, son ami, et lui faire connaître sa situation très embarrassée.

Entre temps, j'avais reçu un mot du Colonel de Joux. Il m'informait de la visite prochaine du Gouverneur général venant inaugurer la ligne ferrée de Langson à Hanoï, et me demandait s'il pouvait compter sur la rencontre à Langson du Maréchal avec M. Doumer, vers le 16 juillet.

Je saisis cette occasion et en fis part à mon chef.

Le Maréchal, qui pour passer la frontière, devait chaque fois en demander l'autorisation à Pékin, ne s'en souciait pas depuis la disgrâce encourue et ne savait, du reste, où s'adresser, le Gouvernement Impérial étant en fuite. Il ne pouvait donc se rendre au désir de M. Doumer, mais, sur mon conseil, il se décida à aller à la Porte de Chine où il recevrait le Gouverneur général, sans crainte d'être accusé à nouveau de traîtrise en allant chez les Français dans un moment où la Cour était exilée et en désarroi.

M. Doumer, prévenu par moi, inaugura son chemin de fer et vint à la frontière où le Maréchal le reçut. La réunion, qui se composait de plus de trente personnes, fut des plus amicales et fort joyeuse même, ce qui faisait écrire à M. le Consul général François, descendu du Yunnan pour conférer avec le Gouverneur général, que : « pendant qu'on s'entre-égorgeait à Pékin, on s'embrassait à Nann-Quan. » (A. n. 19, page 19).

Dans cette entrevue, le Maréchal ne cacha pas à M. Doumer les embarras multiples dans lesquels il était, sans omettre de lui renouveler les sentiments qu'il professait vis-à-vis de la France et de ses représentants qu'il considérait comme ses amis et ses défenseurs vis-à-vis de son propre gouvernement. Le Gouverneur général l'en ayant remercié et félicité, mon chef crut de son devoir d'entretenir le chef de la colonie de l'attitude qu'avait prise le consul de Longtchéou, envers lui, au moment où, précisément, il se trouvait dans le plus grand embarras. M. De Galembert, successeur de M. Guillien, jeune fonctionnaire de vingt-trois ans, traitait en effet le Maréchal comme un subordonné, croyant sans doute avoir affaire à un mandarin annamite, et lui écrivait des lettres fort impolies. Ce fonctionnaire, frais émoulu de l'école coloniale, appartenait aux services de l'Indo-Chine et n'avait été placé à Longtchéou que provisoirement, M. Doumer prit bonne note de la plainte de mon chef et l'assura qu'il désirait, à l'avenir, voir tous ses agents et représentants dans les meilleurs termes avec celui qu'il considérait comme un ami dévoué à notre cause sur la frontière.

Enfin, en quittant Nann-Quan, le Gouverneur général me prit à part et m'invita à lui faire connaître, par lettre, la situation véritable du Maréchal et ses besoins les plus pressants.

Quelques jours après, M. Du Vaure remplaçait M. de Galembert à Longtchéou (A. n°s 20 et 21, pages 21 et 22). Je sus plus tard que ce jeune fonctionnaire, pour se venger, m'avait accusé au Département des Affaires Étrangères et au Ministère des Colonies, d'avoir fait « cambrioler » le Consulat pour avoir la copie d'un rapport qu'il avait, paraît-il, adressé à ces Ministères me dépeignant comme un homme dangereux, alors qu'il ne m'avait pas rencontré deux fois pendant les trois mois qu'il avait géré le Consulat. Il ne pouvait atteindre mon chef, il s'en prenait à moi.

Suivant le désir de M. Doumer, je lui fis parvenir le 28 juillet, la lettre qu'il m'avait demandée à la frontière et quelques jours après, le 13 août, je recevais du Gouvernement général de l'Indo-Chine une réponse prouvant encore une fois au Maréchal toute la sollicitude du Gouvernement français, et son grand désir de s'attacher davantage celui sur qui il comptait pour maintenir et développer notre influence au Kwang-Si (A. n° 22, page 23). Puis, au mois de septembre, le Colonel de Joux venait à Pinh-Shiang et remettait au Maréchal Sou lui-même, une somme de 200.000 piastres contre un reçu que signa, devant lui, ce haut mandarin s'engageant à rendre cette même somme au Gouvernement général de l'Indo-Chine au bout de quatre années. (Ce reçu est au cabinet du Gouverneur général à Hanoï) (A. n° 23, page 24).

Cet argent ne fut pas plutôt dans les mains du Maréchal qu'il fut distribué et dépensé. Il tint d'abord à me remettre le montant des sommes que je lui avais prêtées pour le paiement des troupes et qui s'élevait à 40.800 piastres, en attendant qu'il pût me rembourser de toutes les autres avances que je lui avais faites et de mes appointements qu'il avait prélevés pour lui. Je lui redonnai en échange les reçus qu'il m'avait signés pour cette somme ; je ne pouvais, connaissant ses embarras et ses besoins d'argent, exiger le remboursement de tout ce qu'il me devait ; j'espérais, d'ailleurs, qu'après les événements de Pékin, la France ferait une pression sur le Gouvernement chinois pour que le chemin de fer, qui s'imposait plus que jamais, fût immédiatement mis en construction, afin de permettre au Maréchal, qui devait procurer toute la main-d'œuvre et les matériaux à prendre sur place, de se libérer envers le Gouvernement de l'Indo-Chine de la somme prêtée.

Les soldats du camp et des postes frontières qui, depuis de longs mois, n'avaient pas reçu d'argent et n'avaient vécu que de vols chez les habitants, ou de racines quand ils n'avaient plus rien trouvé (A. n° 16, page 16), manifestèrent leur contentement au reçu de la moitié de leurs arriérés et m'attribuèrent cette bonne aubaine. Mon influence au Kwang-Si croissant chaque jour, je voulus profiter de la bonne disposition des soldats et officiers pour débarrasser une bonne fois les frontières françaises des quelques bandes qui avaient assassiné le sergent français et pillé la troupe d'artistes français (A. n° 16, page 16). A cet effet, je délibérai avec mon chef sur le moyen le plus pratique et le moins coûteux pour réduire la piraterie dans cette partie frontière. Je désirais faire une colonne sérieuse et battre toute une région en une seule fois, mais il n'en était pas partisan. Le Maréchal trouvait le moment mal choisi, la Cour étant toujours à Sinn-Ngan-Fou, il craignait que l'action ne fût mal interprétée par une population travaillée, laquelle pourrait croire à une démonstration contre la frontière française, alors, qu'au contraire nous cherchions à la pacifier, et qui, peut-être, profiterait de cette battue générale pour faire naître de nouveaux troubles. Je me ralliai à la combinaison qu'il m'exposa et qui, du reste, réussit. Il envoya des émissaires aux chefs des bandes pirates pour traiter de leur soumission et, quelque temps après, deux d'entre eux et leurs hommes furent enrôlés et envoyés comme réguliers dans un camp sur la frontière du Hou-Nann, en attendant que survint une occasion propice pour se débarrasser d'eux : nous avions purgé une fois de plus la région frontière du premier territoire militaire français, sans grande dépense, mais il restait à entretenir le contingent ainsi recruté et à le surveiller étroitement; or, le Maréchal, qui devait toucher la paye pour son armée de dix mille hommes et qui ne la recevait depuis plusieurs mois que par fractions insuffisantes, se voyait dans l'obligation de réduire encore la solde de ses propres soldats pour faire face aux nouvelles dépenses que lui occasionnaient ces soumissions; déjà, mon chef, après m'avoir rendu sur les 200.000 piastres reçues de l'Indo-Chine l'argent qu'il m'avait emprunté une première fois pour ses troupes, m'avait demandé, à nouveau, de lui consentir des prêts momentanés. Ne sachant pas ce qu'il adviendrait de ces troubles de Pékin, j'avais été d'autant plus hésitant que cet argent appartenait en partie à ma femme; après avoir pris son avis, nous avions consenti à faire de nouvelles avances pour le paiement exclusif de la troupe frontière, à condition qu'elles nous fussent remboursées dès que le Maréchal recevrait la solde arriérée. Je lui avais prêté en quatre fois et contre reçus la somme de 30.000 piastres que nous avions de disponible. Il se trouvait encore démuni d'argent et les soldats du camp réclamaient leur paye; une pareille situation ne pouvait se prolonger. Je ne voulais pas faire un nouvel appel au Gouvernement général de l'Indo-Chine; je lui fis comprendre qu'il devait, coûte que coûte, se pourvoir ailleurs ou briser avec le Vice-Roi de Canton et le Gouverneur du Kwang-Si qui étaient seuls responsables des retards apportés dans la remise de la solde des troupes. D'autre part, j'avisai le Consul de France à Longtchéou et le Colonel de Joux à Langson, de tous les ennuis que me procurait ma situation auprès d'un chef si peu soutenu par son gouvernement, et de toutes mes craintes pour l'avenir.

Après réflexion, le Maréchal ne brusqua ni les autorités de Canton ni celles du Kwang-Si; il savait mieux que moi ce que lui aurait coûté une pareille audace. Il s'aboucha avec des commerçants de Canton et de Longtchéou pour contracter un emprunt qui contenta momentanément les plus récalcitrants de ses réguliers et de ses petits créanciers.

Toutes les garnisons se calmèrent une fois de plus, et redevinrent sinon dociles, au moins maniables; le Maréchal en profita pour entreprendre une nouvelle colonne sur les frontières du Kweï-Tchéou que les boxeurs avaient franchies et ravageaient. Mais avant de partir, il fallait penser à ravitailler tout le camp et à faire des provisions de riz pour le retour, car il n'allait pas y avoir, après le départ, une seule ration en réserve dans les magasins. Du dernier emprunt chinois, il ne restait presque rien, tout ayant passé en paiements divers ; comment sept mille hommes vivraient-ils en l'absence de mon chef qui en emmenait trois mille et me laissait, seul avec le Général Mâ, dans un moment aussi difficile? Telle est la question que je lui posai sans qu'il parût s'en émouvoir.

Vous irez au Tonkin, — me répondit-il, — acheter trente mille piculs de riz et vous vous entendrez avec M. Doumer pour que la banque française veuille bien me prêter la somme nécessaire, dont je payerai les intérêts à raison de 1 0/0 par mois jusqu'à mon retour, car je suis avisé que des fonds me parviendront avant la fin de l'année. D'ailleurs, — ajouta-t-il, — je verrai le Consul à mon passage à Longtchéou et je l'entretiendrai de ces achats de riz ; je le prierai d'écrire à M. Doumer et de lui demander, en outre, de me faire transporter le riz par le chemin de fer jusqu'à Langson.

Le jour même, il me remettait une longue lettre pour M. Doumer et il me laissait, avec toutes sortes de recommandations pour le transport du riz que je devais acheter et qui serait transporté, par les réguliers, de Langson à la Porte de Chine, le chemin de fer n'étant pas en exploitation ouverte jusque-là.

J'attendis quelques jours, désirant connaître le résultat de la conversation du Maréchal avec le Consul de France. Je fus avisé par ce dernier que, en effet, mon chef l'avait entretenu des achats de riz, et qu'il en avait écrit au Gouvernement général (A. n° 24, page 25).

Le Maréchal, en quittant son camp retranché, avait annoncé à son personnel, pour le calmer, que trente mille piculs de riz allaient être achetés par mes soins et transportés de la frontière au camp. Il avait ordonné que, pendant son absence, chaque officier veillât à l'emmagasinage des sacs et à leur conservation. Tout avait été préparé pour recevoir la denrée indispensable à la vie de tous les hommes qui restaient. Les soldats, qui voyaient chaque jour diminuer leur ration, avaient donc hâte de me voir partir. Je m'y décidai, laissant à la garde du Général Mâ la surveillance des frontières et du camp de Pinh-Shiang.

A Hanoï, je vis parfaitement que M. Doumer ne disposait d'aucun moyen pour faire consentir, par la banque de l'Indo-Chine, un prêt quelconque au Maréchal Sou qui ne donnait en échange aucune garantie, et que je n'avais par conséquent aucune chance, de ce côté, d'avoir l'argent nécessaire pour l'achat du riz ; il me fallait trouver une autre solution pour éviter que des complications, qui ne pouvaient être que désastreuses pour la frontière française, ne survinssent à mon retour au camp où je ne pouvais rentrer sans riz.

Le Gouverneur général m'avait donné des preuves de sa sympathie, il venait de me dire qu'il m'avait proposé pour la Croix, en raison des services que je rendais en toutes occasions à la France ; il me faisait comprendre qu'il me soutiendrait dans les moments critiques, et il m'assurait de tout son appui au cas où j'en aurais besoin. De plus, il m'annonçait que le transport du riz que j'achéterais serait fait gratuitement jusqu'à la frontière, que je pourrais même utiliser les trains de balast de Langson à la porte de Chine, et qu'il ordonnerait le dégrèvement des droits de sortie. Dans ces conditions, je n'avais pas à tergiverser longtemps. J'eus recours à quelques amis qui me prêtèrent l'argent nécessaire au taux qu'avait fixé le Maréchal qui, du reste, est le taux légal du Tonkin, et je chargeai aussitôt plusieurs commissionnaires de mes achats. J'eus la satisfaction de rentrer au camp avec le premier train de riz.

Quelques jours après, la presse tonkinoise prétendait pourtant que le Gouvernement général de l'Indo-Chine, non content de payer une solde mensuelle au Maréchal Sou, entretenait encore toutes ses troupes et les nourrissait (A. n° 51, page 57).

Pendant plus de trois mois, le transport de riz et son emmagasinage fut le plus grand de mes soucis ; je perdais un temps précieux à me rendre soit au Tonkin, où je faisais moi-même des achats les jours de grand marché pour éviter le paiement exagéré de commissions, soit à la frontière, pour contrôler l'arrivée des trains; je n'avais pas un instant de répit, j'étais sur les routes jour et nuit, mangeant, écrivant même à cheval. J'étais seul au camp; le Maréchal qui guerroyait dans le nord de la province ne venait pas à bout des boxeurs pirates, et le Général Mâ était la plupart du temps en colonnes volantes du côté de Yu-Linn. Mais tout était relativement tranquille sur la frontière, grâce à l'entente qui régnait entre le Consulat, les territoires français et moi.

Le 4 décembre (A. n° 25, page 26), je recevais à la porte de Chine : M. le Gouverneur général, Mme et Mlle Doumer et le Directeur général des douanes et régies : M. Frésouls. Tous me félicitèrent pour ma fermeté pendant cette crise de 1900 et pour les services, qu'ils qualifiaient d'exceptionnels et d'inappréciables, que je rendais sur les frontières où je remplaçais le Maréchal, et pour lesquels le chef de la colonie française désirait tant, m'affirmait-il chaque fois, me voir récompensé. M. Frésouls profita de cette visite pour me dire tous les ennuis et toutes les difficultés qu'il avait à se procurer de l'opium au Yunnan pour les besoins de l'Indo-Chine, et me demanda si je pouvais l'aider de mes moyens en la circonstance, en livrant moi-même la quantité d'opium qu'il lui fallait. Je promis au Directeur des douanes de faire ce qui était en mon pouvoir pour le satisfaire.

Avant la fin de l'année, je descendis à Longtchéou pour m'occuper de cette question, et profitai de mon séjour dans ce port pour entretenir le Consul de France de ma situation pécuniaire vis-à-vis du Maréchal, car mon intention était de provoquer le règlement de mes comptes avec mon chef qui ne me remboursait pas, et ne me donnait pas mes appointements depuis deux ans, ce qui me gênait considérablement et m'empêchait de profiter parfois des avantages que j'aurais pu retirer de certaines opérations commerciales.

Après lui avoir exposé clairement la situation, et lui avoir fait connaître le chiffre des sommes qui m'étaient dues, y compris la fourniture de riz que j'étais en train de transporter de Langson au camp, M. du Vaure me conseilla de patienter et d'attendre le retour du Maréchal, qui avait promis de rembourser ce qu'il me devait à la fin de l'année.

Ne pouvant faire autrement, il me fallut bien consentir à attendre, et pour m'encourager à persévérer, le Consul de France me fit connaître les propositions qu'il avait adressées en ma faveur à Pékin et à Paris, en me faisant espérer la récompense qui, disait-il, m'était si bien due.

ANNÉE 1901

A mon retour de Longtchéou, je trouvai un volumineux
courrier que le Maréchal m'avait fait adresser, de Po-Sseu où
il guerroyait, par son officier d'ordonnance qui m'attendait à
Pinh-Shiang depuis deux jours. Mon chef me rendait compte
de l'état du pays dans le nord de la province et des difficultés
qu'il éprouvait à cerner des bandes qui, à l'approche des
réguliers, se disloquaient pour s'enfuir et se réfugier dans les
grottes innombrables de cette contrée. Non seulement il ne
fixait pas la date de son retour, mais il m'annonçait qu'il
laissait à Po-Sseu deux mille hommes pour se porter à Nanning-Fou, où de nouvelles bandes de boxeurs apparaissaient,
et où les sociétés secrètes terrorisaient la population.

Il ajoutait qu'il envoyait tout spécialement son officier d'ordonnance: Tcheng, pour m'expliquer ce qu'il attendait de moi
pendant l'absence prolongée qu'il craignait de faire, et me
confiait les sceaux, en même temps qu'il me déléguait tous
ses pouvoirs pour le bien de la frontière et celui des deux
pays voisins.

Ce même jour, l'officier Tcheng me remettait en effet, avec
les sceaux et les instructions du Maréchal, le bouton mandarinal du deuxième degré (Corail), dont je devais ultérioure-
ment recevoir le brevet de Pékin. Je n'étais, jusqu'à cette
époque, que mandarin du troisième degré (Bleu).

Au commencement de cette année 1901, je devenais donc,
sinon par décret Impérial, au moins de fait, commandant des
forces du Kwang-Si. Cette faveur extraordinaire, dont me
comblait mon chef, fut loin de m'enthousiasmer, étant donné
la situation embarrassée du moment, mais je l'acceptai cepen-

dant par devoir et pour les services que je pouvais rendre à mes compatriotes; je refusai, pourtant, de m'occuper du paie. ment des troupes, laissant ce soin au trésorier de Longtchéou sous la responsabilité du Maréchal.

Investi de tels pouvoirs, j'avais les coudées franches et le Général Mâ, qui avait été averti de la décision du chef, devenait en quelque sorte mon subordonné, ce qui ne changeait, du reste, rien à sa situation. Je profitai de mon autorité passagère pour apporter des améliorations dans les quelques services d'intendance et autres qui n'existaient qu'à l'état embryonnaire, car je n'avais pu, jusqu'alors, les organiser comme je le désirais.

J'installai des courriers montés pouvant faire le service régulier entre tous les postes de la frontière, ce qui me permit, par la suite, d'être renseigné dans la journée même des incidents qui s'y passaient; je proposai, en outre, au Général en chef Dodds, d'établir des lignes télégraphiques entre les postes doubles français et chinois, dont quelques-uns, construits sur des pitons difficiles à atteindre, se trouvaient à 15 et 20 kilomètres de distance, afin qu'ils fussent en communications constantes et rapides, et je dressai moi-même le réseau à installer en territoire chinois; je fis percer de nouvelles routes qui vinrent s'embrancher sur les principales artères construites à mon arrivée au Kwang-Si, etc., etc.

Dans le camp même, j'apportai des améliorations dans le logement des soldats, et veillai particulièrement à la régularité de leurs repas, à la qualité de leurs aliments et aux distributions de riz. Les officiers, me voyant partout et constamment occupé des hommes, ne restaient plus oisifs et s'adonnaient moins à l'opium; jamais les troupes chinoises n'avaient été si bien surveillées et toutes les attentions que j'avais pour les réguliers, jusque-là négligés et traités en mercenaires, jointes au sentiment de justice dont je ne me départis jamais, me valurent la réputation d'un chef bon, mais sévère; les soldats entre eux ne me désignaient plus que sous ce nom. J'obtenais d'eux ce que je voulais, je les employais à toutes sortes de travaux, laissant de côté les exercices militaires auxquels je n'entendais pas grand'chose; les réguliers étaient d'ailleurs assez souvent en colonnes pour s'exercer au tir du fusil.

Pendant que je procédais à ces organisations et à ces améliorations intérieures, je n'en continuais pas moins à faire la
chasse à ces bandes pirates qui, de temps à autre, apparaissaient sur la frontière, et aux boxeurs qui menaient encore
campagne dans la région. Entre temps, un douanier avait
été assassiné en territoire français et le colonel de Langson
m'informait de la fuite de l'assassin du côté de la frontière
chinoise. Il m'annonçait, en outre, l'attaque du village de
Na-Leng et l'arrestation de cinq Chinois par les Français
(A. n° 26, page 26). Il me fallait prendre des mesures pour
faire cesser la piraterie de ce côté. D'autre part, j'étais avisé
que la famine était si grande dans l'intérieur de la province,
que des villages entiers descendaient vers Longtchéou pour
avoir de quoi manger et amenaient ainsi des perturbations sur
leur passage; que bon nombre de ces malheureux mouraient
sur les routes, sans que personne ne prît soin d'enterrer les
cadavres. et que la peste bubonique refaisait son apparition
sur plusieurs points du territoire.

Il me fallut donner des ordres et envoyer des réguliers dans
tous les villages pour faire inhumer les morts et répandre de
la chaux vive. Je me rendis, moi-même, à Ninn-Ming-Tiao
pour juger de l'importance du fléau contre lequel, hélas ! je
ne pouvais rien, n'ayant ni argent ni vivre à distribuer en
dehors du camp. La calamité était si terrible, que des familles
vendaient leurs enfants de deux à cinq ans, pour une piastre·
ou deux [soit 2 fr. 50 à 5 francs] ; d'autres, ne les vendaient
même pas, mais les donnaient aux voisins pour qu'ils les
tuent et les mangent en commun ; tout voyageur solitaire
pris sur les routes était écartelé, puis dépecé et mangé. Dans
les rues de certains villages, on débitait de la chair humaine.
Le Consul de France à Longtchéou, frappé d'épouvante, en
informa le Gouvernement de l'Indo-Chine.

Après avoir fait quelques distributions de sapèques aux
malheureux qui se ruaient sur moi, dans le village de Pan-
Ma, et m'être rendu acquéreur de quatre petits enfants pour
la somme de 12 piastres, je revins, bouleversé d'avoir vu
tant de détresse dans un pays placé passagèrement sous mes
ordres, le cœur plein de rage d'être impuissant.

En arrivant au camp, je trouvai une lettre du Colonel Amar

qui m'invitait à retirer les réguliers préposés au transbordement de mon riz à Langson, tous les chargements étant terminés et la fourniture entièrement rendue aux camps (A. n°˙ 27 et 27 *bis*, pages 27 et 28). Les troupes impériales étaient sûres d'avoir des vivres pour quelques mois, et j'étais tranquillisé sur leur sort. Je me suis demandé souvent ce qu'il serait advenu pendant l'absence de Sou, si je n'avais pas fait ces achats de riz au Tonkin.

A quelque temps de là, je reçus à nouveau la visite de l'officier d'ordonnance du Maréchal qui, après avoir mis en déroute les boxeurs, et pacifié pour un moment les environs de Nanning-Fou, était retourné dans le nord du Kwang-Si, sur la frontière Yunnan-Koueï-Tchéou. Je vis, à la figure compassée de cet officier, qu'il avait de graves nouvelles à me communiquer. En effet, il m'apprenait que la Cour Impériale, toujours à Sinn-Ngan-Fou, avait donné l'ordre au « Kong-Pao » de se tenir prêt à se rendre auprès d'Elle à son premier appel ; que l'Impératrice se servirait de lui et du conseiller européen, qui l'assistait depuis des années au Kwang-Si, pour traiter des conditions de son retour à Pékin. Cet officier venait tout exprès à Pinh-Shiang pour me communiquer cette nouvelle, et me prier de ne pas refuser mon appui à notre chef commun, au cas où la Cour persisterait dans ses idées. Pour m'y décider, le Maréchal me faisait miroiter les plus grands honneurs, et des récompenses extraordinaires qu'aucun étranger n'avait reçues jusqu'alors.

Quoique cette nouvelle me parût suspecte, ne voyant pas ce que ma présence pouvait avoir d'utile en la circonstance, je donnai l'assurance à mon chef que je l'accompagnerais si cela devenait nécessaire. Je ne m'engageais pas à grand' chose, et son officier partit content, me laissant, de la part du Maréchal, des instructions pour le camp, et emportant avec lui un long rapport chinois que j'avais préparé depuis ma prise de possession des sceaux qu'il m'avait confiés.

Mon premier soin fut d'informer le Gouvernement général de l'Indo-Chine de cette proposition de la Cour, et de faire connaître au Gouverneur général que je ne ferais rien sans son agrément ; qu'en outre, je lui communiquerais tous les renseignements que je recevrais ultérieurement de mon chef sur cette affaire en perspective qui pouvait devenir grosse de conséquences. Mais, jamais plus je n'en entendis parler. Lorsque plusieurs mois après, je revis le Maréchal, en colonne, je lui demandai quelques éclaircissements. Il ne put m'en donner, n'ayant lui-même rien reçu de plus que ce qu'il m'avait communiqué. Il n'en était du reste pas fâché, après l'expérience qu'il avait faite à Kwang-Tchéou, lors de sa mission comme plénipotentiaire (A. n° 28, page 29).

Pourtant, les quelques jours qui suivirent cette communication de la Cour, j'étais assez soucieux de savoir ce qu'il en résulterait pour moi, mais, mes occupations multiples amenèrent vite une diversion dans mes pensées. Ne pouvant rien faire contre la famine qui prenait des proportions inquiétantes, je fis afficher sur les frontières l'interdiction d'exporter des bœufs qui pouvaient à un moment nous devenir utiles, et j'en acquis une certaine quantité pour le camp ; je donnai des ordres sévères pour que les soldats ne vendissent pas leurs rations de riz, ne voulant pas avoir autour des cantonnements des bandes d'affamés ; ce qui aurait pu amener des désordres ou nous transmettre la peste ; en un mot, je pris toutes les dispositions pour que le camp et la frontière restassent en bon ordre.

D'autre part, je m'occupai activement de la répression de la piraterie du côté de Chang-Sseu où se trouvait le Général Mâ, indolent et inactif.

Pour satisfaire aux demandes de l'Indo-Chine et du Général en chef Dodds, j'avais dû céder une partie de la cavalerie du camp, le Gouvernement général m'ayant demandé de lui procurer immédiatement des chevaux et des mulets pour la remonte. Au mois de mars, recevant le prix de ces animaux, (A. n° 29, page 30) j'envoyai aussitôt des hommes dans l'intérieur, et je profitai de leur voyage pour réduire une petite bande dont le chef fut amené au camp et décapité. Ce Chinois, qui avait été pris les armes à la main, était porteur d'un Winchester et d'un revolver à cinq coups ; c'était la première fois que je trouvais entre les mains d'un pirate de telles armes *made in belgium*. J'en fis cadeau, plus tard, à M. le Colonel de Grandprey, attaché militaire à Pékin. De ce jour, je voulus savoir d'où venaient ces armes, et je fis faire des enquêtes qui me renseignèrent sur leur provenance. Pakoï et et ses environs étaient le lieu de recel de toutes les armes et munitions achetées à Singapoor, et transportées par des vapeurs dans le golfe du Tonkin. Des jonques se rendaient la nuit en pleine mer faire leurs chargements, puis rentraient et mouillaient non loin du continent ; là, des sampans les accostaient et portaient à terre un certain nombre de fusils.

Non seulement je remontais la cavalerie de l'Indo-Chine, mais encore, je fournissais l'opium que me demandait le Directeur général des douanes, et dans cette période mouvementée, il m'était souvent difficile de me procurer cette denrée qui était accaparée et volée en cours de route par les bandes qui pullulaient sur les frontières du Yunnan ; aussi, dus-je, à la dernière demande de l'Indo-Chine, décliner l'offre qui m'était adressée. D'ailleurs, je n'avais pas eu à me louer du résultat de la fourniture précédente que j'avais livrée au prix coûtant d'achat, et sur laquelle on m'avait retenu 176 piastres 87, sous prétexte que le poids « taël » chinois n'était pas conforme à celui du poids « taël » de la douane au Tonkin ; le bénéfice de toutes mes peines et de mon entremise s'était liquidé par un millier de francs de perte pour moi. (A. n°ˢ 30 et 30 *bis*, pages 31 et 32).

Vers cette époque, M. du Vaure, Consul de Longtchéou, était sur le point de rentrer en France, sa santé ne lui permettant pas de conserver plus longtemps ce poste. Avant de se retirer, ce Consul tint à nouveau à rappeler aux Ministères des Affaires Étrangères et des Colonies tous les services que je rendais sur la frontière. Il voulait, m'écrivait-il (A. n° 31, page 33), profiter des quelques mois que passait M. Doumer à Paris, pour lui faire appuyer chaudement la proposition pour la Croix qu'il signait. Pour me prouver tout l'intérêt et la sympathie qu'il me témoignait depuis qu'il me connaissait et qu'il me voyait sur la brèche, M. du Vaure eut l'amabilité de m'envoyer la copie de cette proposition qu'il renouvelait tout spécialement, en adressant un rapport particulièrement détaillé sur mes derniers services au Kwang-Si.

Quelque temps auparavant, j'avais rencontré le Consul de France à son retour du Tonkin, je l'avais entretenu encore de ma situation financière, et je l'avais pressenti pour qu'au cas où le Maréchal ne pourrait me régler, les sommes qu'il me devait fussent portées parmi celles réclamées pour indemnité de guerre de 1900. M. du Vaure en voyait déjà la possibilité et je devais me rendre à Longtchéou, dès que j'aurais un moment de libre, pour me concerter avec lui, quand, encore une fois, les événements m'empêchèrent de mettre mon projet à exécution.

Depuis quelques jours, j'avais des télégrammes de mon chef m'informant de la marche de ses troupes vers les frontières nord; je ne comprenais rien à ses mouvements, lorsque, fin mars, je reçus une dépêche m'annonçant qu'il avait pu disloquer les bandes qu'il poursuivait, mais que les débris se dirigeaient vers la frontière du Yunnan, pour se joindre à d'autres bandes qui descendaient de cette province. Il me priait de prévenir aussitôt le Gouvernement général et le Général en chef, pour que la frontière française fût sérieusement gardée vers Bao-Lac, car son intention était d'attaquer et de chasser les bandes jusqu'au delà des frontières du Yunnan. Dès le reçu de ces informations, j'avais fait parvenir à Hanoï les renseignements que le Maréchal m'avait donnés.

Le 7 avril, un nouveau télégramme m'ordonnait de préparer un convoi do dix mille cartouches et de le diriger sur Po-Sseu, où ses troupes se ravitaillaient. Je faisais faire le nécessaire, quand, deux jours après, je reçus une longue dépêche contremandant l'envoi des cartouches sur Po-Sseu. Mon chef me disait que, vu l'état des routes en territoire chinois et les difficultés de franchir les cols dans la partie nord, il ne pouvait compter être ravitaillé en temps opportun; il me priait de demander au Gouverneur général l'autorisation de laisser passer le convoi de munitions par les routes françaises, jusqu'au dernier poste français, sur la frontière du Yunnan. En même temps, il m'invitait à me rendre à Hanoï pour m'entendre avec le Général en chef à qui, d'ailleurs, il avait écrit directement par le commandant Bernard du cercle de Bao-Lac, afin de concerter une action commune des troupes françaises et chinoises, dans les montagnes du Lou-Kou, pour cerner les nombreuses bandes de pirates qui gênaient autant les autorités françaises que les autorités chinoises. Il m'ordonnait, en outre, de prendre le commandement du convoi et des réguliers qui l'accompagneraient, et d'expédier par voie chinoise, cinq ou six cents hommes du camp qui me rejoindraient à Binn-Mang. Il me priait, toujours pour le bien des deux pays, de le seconder dans cette importante opération.

Avec des indications aussi précises, je descendis à Hanoï, où le Général en chef Dodds me confirma les lettres qu'il avait reçues du Maréchal par Bao-Lac. Au moment où le Gouverneur général était en France, il fallait à tout prix éviter de grosses histoires sur la frontière Yunnan-Kwang-Si. Le Général m'apprit que, déjà, une grosse bande venue de Yunnan était descendue dans le deuxième territoire militaire français, avait brûlé un poste, tué des tirailleurs, etc., et que d'autres bandes étaient signalées par le commandant du cercle, comme s'organisant dans les montagnes qui couvrent le nord de ce territoire. L'entente entre le Général en chef, le Maréchal et moi, fut vite conclue, et le Colonel Riou fut nommé commandant en chef des opérations.

Je revins au camp préparer l'expédition et quelques jours après, fin avril, je partis avec le convoi et les réguliers que j'accompagnai pendant tout leur passage en territoire français, jusqu'au premier poste chinois Binn-Mang, où les autres réguliers, partis du camp par route chinoise, me rejoignirent ensuite.

Le Colonel Riou était en rapports directs avec moi; il nous fut facile de combiner les opérations pendant que le Maréchal se rabattait sur nous, venant du nord. Je disposai les troupes chinoises de façon à fermer les issues et les petits passages, et de son côté, le Colonel cerna avec ses troupes toute la base du Lou-Kou où les bandes s'étaient installées.

Nous mîmes un mois pour venir à bout des pirates et pour purger cette région. A la fin des opérations, le Maréchal Sou, qui avait rejoint le poste de Long-Bang à quelques kilomètres du poste français de Tra-Ling, et le Colonel Riou se rencontrèrent avec moi, et, quelques jours après, nous nous séparâmes, l'un pour rentrer à Caobang, et l'autre pour revenir à Pinh-Shiang, pendant que le Maréchal reprenait campagne vers Seï-Linn.

A mon passage à Longtchéou, je remis au Consul de France (A. 31 *bis*, page 33), successeur de M. du Vaure, qui était parti pendant mon absence, le journal de cette colonne et le détail des opérations qu'il adressa au Ministère des Affaires Étrangères et à Pékin, ainsi qu'il me le fit savoir par sa lettre du 14 juin (A. n° 32, page 34).

De son côté, le Colonel Riou m'écrivit qu'il faisait parvenir au Général en chef le rapport de cette expédition, en même temps que l'état des propositions pour récompenses à accorder aux officiers et soldats qui s'étaient particulièrement signalés en cette occasion. Mon nom figurait sur cet état pour la médaille coloniale d'abord (A. n° 33, page 35) et quelques jours après, le Général Dodds demandait pour moi la croix de la Légion d'honneur.

A notre rencontre au poste de Long-Bang, vers la fin des opérations, je n'avais pas été sans entretenir longuement mon chef de la situation difficile du camp et de toutes les responsabilités qu'il me laissait depuis près d'un an, et non plus, sans lui rappeler ses promesses de me rembourser mes avances à la fin de l'année chinoise qui était écoulée. Mais à un pareil moment, il m'était assez pénible de lui faire voir tout le mécontement que j'éprouvais de la non-exécution de son engagement, le sachant, d'ailleurs, dans l'incapacité d'y faire face. En effet, depuis plus d'un an, il était en campagne dans un pays sans ressource où il dépensait plus qu'il ne recevait, se trouvant dans l'obligation de faire venir des centres tout ce qui était nécessaire à l'entretien des troupes. Je voulus cependant lui faire comprendre mon désir absolu d'être payé avant trois mois, sinon de tout ce qu'il me devait, mais au moins de la fourniture de riz et des sommes d'argent que je lui avais avancées l'année précédente. Le Maréchal me jura, encore une fois, que les premiers fonds qu'il toucherait à sa rentrée à Nanning seraient pour moi, car son intention de descendre dans cette ville dès que la Cour serait revenue à Pékin, était bien arrêtée.

Après cette colonne qui avait été si dure pour tous en cette saison de pluies diluviennes, par une chaleur torride, et qui coûta la vie à bon nombre de nos soldats français, car les suites furent plus meurtrières que l'expédition elle-même, j'étais arrivé au camp en assez mauvais état de santé et je me soignais sérieusement, quand un des commandants chinois m'apporta une lettre du Maréchal. Il me suppliait d'avancer encore 10.000 piastres pour le paiement des troupes du camp auxquelles il ne pouvait rien faire parvenir. Cette nouvelle demande m'exaspéra au point que l'officier, qui ne m'avait jamais vu ainsi, s'esquiva sans que je m'en aperçusse. Je ne pouvais croire à une telle impudence de mon chef à qui, quelque temps auparavant, j'avais formellement réclamé le paiement de ses dettes. Il me fallut plusieurs jours pour me remettre de cette secousse, et quand, le 9 juin, le Colonel Amar vint de Langson me voir, il me trouva décidé à quitter le Kwang-Si et à abandonner une situation qui était intenable sans argent.

Cette visite du Commandant du premier territoire, et toutes les bonnes paroles qu'il me prodigua, me calmèrent pourtant ; je me contentai de télégraphier au Maréchal, en lui exprimant mon mécontentement et en lui faisant connaître mon impossibilité de verser cette nouvelle somme, n'ayant pas d'argent moi-même.

Mais le lendemain et le surlendemain, quand je me rendis au camp, je me convainquis vite du complet dénuement des troupes qui, en mon absence, n'avaient pas reçu un sou du Général Mâ et du trésorier de Longtchéou. Le riz était encore en abondance, mais les soldats n'avaient pas autre chose à manger, ni viande, ni légumes ; seuls, ceux de la garde de mon Yamenn vivaient assez bien, grâce aux produits de notre grand jardin que ma femme distribuait tous les jours pendant que j'étais en colonne.

Qu'allais-je faire, seul au camp, ayant accepté la responsabilité de la frontière, en présence de cette pénurie d'argent ?

Je me concertais avec ma femme, quand arriva un télégramme du Maréchal m'invitant à emprunter les 10.000 piastres à la banque de Hanoï. Il croyait que cette banque avait consenti, à la demande de M. Doumer, de prêter les cent mille piastres qui avaient servi aux achats du riz et je ne l'en avais pas dissuadé, espérant, par là, faire rentrer plus vite mes créanciers dans l'argent qu'ils m'avaient prêté. Le Maréchal espérait que j'obtiendrais facilement ces 10.000 piastres dont il proposait de payer les mêmes intérêts.

J'étais persuadé que la banque refuserait de prêter quoi que ce soit à mon chef; je me rendis au Tonkin et emmenai l'officier trésorier du camp pour qu'il vît, lui-même, les difficultés de se procurer de l'argent.

Après plusieurs demandes infructueuses, une maison de Hanoï : le Comptoir Français avec lequel j'étais en relations d'affaires, consentit à me prêter la plus grosse partie de la somme, que je dus garantir de ma signature.

En revenant au camp, je jurai que cet emprunt serait le dernier. De ce jour, je ne voulus consentir aucun prêt nouveau à mon chef, bien que, dans la suite, il m'adressât à maintes reprises des suppliques désespérées.

Dès mon retour, je dus reprendre le collier et passer mon temps à instruire des affaires que m'envoyaient les territoires militaires français et le Consulat (A. n° 34, page 36). Tantôt, je recevais des prisonniers faits au Tonkin qu'il me fallait interroger, puis renvoyer à Langson et à Caobang (A. n° 35, page 36) tantôt, un chef de bande de pirates arrêtait un sujet Tonkinois qu'il me fallait faire rechercher (A. n° 36, page 37). D'autres fois, les territoires français m'informaient que des petites bandes apparaissaient sur les frontières du Kwang-Tong, et me faisaient part de leurs craintes au sujet de leurs postes (A. n° 37, page 38), il me fallait envoyer des reconnaissances, etc., etc. (A. n°ˢ 38 et 39, pages 40 à 43). Partout à la fois, j'étais assailli de demandes de toutes sortes ; jusqu'aux missionnaires espagnols qui me faisaient prier, par le territoire de Langson, de leur faire rendre leurs catholiques, pendant que j'étais investi des pleins pouvoirs du Maréchal (A. n° 40, page 44-45). Des femmes et des enfants avaient été volés, quelques années auparavant, par des brigands faisant la contrebande d'opium au Tonkin. Ces détrousseurs d'autrefois avaient, en effet, vendu en Chine les femmes et les enfants enlevés aux Tonkinois dans les rafles qu'ils faisaient avant 1895.

C'est dans ces moments que le Général Bailloud me trouva quand il vint me visiter au camp. Il venait de Pao-Ting-Fou, où il avait fait la campagne de 1900, et ce me fut un grand plaisir de m'entretenir avec lui de ces événements.

Le général fut émerveillé de ce qu'il trouvait à Pinh-Shiang et dans la province du Kwang-Si, si différente des provinces qu'il avait traversées ; il était surpris, qu'en l'espace de cinq années, un pays à l'aspect si ingrat ait pu se transformer si complètement ; et, comme MM. Doumer, le Général Chevalier, Labour, etc., etc., il m'adressa de sincères félicitations, admira le courage et la vaillance de ma femme, et nous quitta en nous remerciant de l'hospitalité qu'il avait reçue dans ce Yamenn français, perdu au milieu d'un centre exclusivement chinois. Il nous promit de nous faire parvenir cette médaille de Chine qui allait être distribuée à ceux qui avaient pris part à ces événements inoubliables.

En cette période de surmenage incessant, un accident arriva au camp ; la poudrière sauta. Tout le matériel fut réduit en morceaux et quinze réguliers tués.

L'explosion fut telle, que les murs de ma maison, située à un kilomètre de là, se lézardèrent, les vitres et la verrerie volèrent en éclats. Il était dix heures du soir quand la détonation se produisit, ma femme crut un instant que nous sautions tous et que nous étions perdus. Je ne sus jamais à quoi attribuer ce désastre, que je mis toujours sur le compte de la malveillance ; quarante mille piastres de poudre et de matériel furent perdus, mais la perte la plus sensible était la disparition de nos munitions de réserve.

Après cette catastrophe, la maladie aidant, je me sentis vraiment découragé et je me décidai, cette fois, à informer les autorités indo-chinoises et le Consulat de mon désir de me retirer définitivement. J'écrivis au Colonel Amar pour lui annoncer ma décision et, le lendemain 7 août, j'envoyai une lettre semblable au Consul de France lui faisant connaître, en outre, mon intention de provoquer le règlement de mon compte avec le Maréchal Sou. M. Culliéret avait été mis au courant de ma situation financière par son prédécesseur, M. du Vaure, et savait, depuis mon passage à Longtchéou, toutes les sommes qui m'étaient dues ; deux mois auparavant, il s'était mis aimablement à ma disposition, au cas où son intervention serait nécessaire ; il ne pouvait donc qu'accueillir favorablement ma demande de règlement.

Je sus plus tard, que, lorsque les autorités françaises eurent appris que je voulais quitter Pinh-Shiang, toute la frontière avait été en émoi. C'était un gros crève-cœur pour moi d'abandonner ainsi l'œuvre à laquelle je m'étais attaché, mais la tâche devenait trop lourde. Le Gouvernement français m'assurait bien, par ses représentants, que je recevrai toutes sortes de récompenses et notamment la plus haute (A. n° 41, page 46). Mais je n'en recevais jamais aucune. En outre, je devenais inquiet sur le sort de mes avances. Je ne pouvais continuer dans de semblables conditions une existence qui m'usait terriblement, et j'aspirais plus que jamais à me reposer.

Le Colonel Amar, que je vis le premier à Langson où j'étais allé pour affaires de la frontière, me déclara qu'il en avait aussitôt écrit au Général en chef, lequel avait informé le Gouverneur général de ma décision.

A quelque temps de là, le 28 septembre, je reçus du Consul de France de Longtchéou une lettre particulière, dans laquelle il me détaillait le résultat de ses démarches auprès du Gouvernement général de l'Indo-Chine, qui venait de lui répondre au sujet de mon projet de départ, et m'informait de l'envoi prochain d'un document officiel qui me rassurerait complètement sur le sort des avances que j'avais consenties au Maréchal (A. n° 42, page 47).

Le surlendemain, 30 septembre, je recevais, en effet, sa lettre officielle enregistrée sous le n° 279 du registre du Consulat, dont j'extrais quelques passages : (A. 42 *bis*, page 49).

« Le Consul de France est autorisé à vous dire formelle-
« ment qu'en raison de vos services extraordinaires rendus à
« la cause française sur les frontières, vous avez été proposé
« plusieurs fois pour la Légion d'honneur ; que cette propo-
« sition a été récemment renouvelée par M. Doumer et qu'il
« espère que le Ministre à Pékin tiendra le plus grand compte
« des démarches faites par le Consulat pour appuyer, concur-
« remment avec le Gouvernement général de l'Indo-Chine,
« cette dernière proposition.

. . . .

. . . .

« Le Consul de France est persuadé que vous n'hésiterez
« pas à poursuivre jusqu'au bout l'œuvre que vous avez entre-
« prise et qui vous vaudra une distinction méritée, mais il est
« certain que la démarche qu'il va faire auprès du Ministre à

« Pékin aurait bien plus de poids, s'il pouvait y joindre l'assu-
« rance formelle que vous continuerez à guider de vos con-
« seils aussi longtemps que l'exigeront les circonstances que
« nous traversons actuellement, le haut fonctionnaire chinois
« auprès duquel vous avez une incontestable influence.

« Bien que le Consul de France soit convaincu à l'avance
« que tels sont vos sentiments, il serait personnellement heu-
« reux, d'autre part, de pouvoir faire connaître d'une façon
« certaine à M. le Gouverneur général de l'Indo-Chine que la
« France pourra compter plus que jamais à l'avenir sur votre
« persévérance et votre dévouement dans l'accomplissement
« de votre tâche à la fois si utile aux intérêts communs
« franco-chinois dans cette partie de l'Empire. »

La seconde partie de la lettre officielle a trait à ma situation pécuniaire.

« Enfin, en ce qui concerne votre situation matérielle au
« sujet de laquelle vous avez exposé verbalement et par écrit
« certaines considérations au Consul de France, ce dernier
« est également autorisé à vous dire que l'appui du Gouver-
« nement général de l'Indo-Chine ne vous fera pas défaut le
« cas échéant, et que vous n'avez pas lieu de vous inquiéter à
« ce sujet. Le contrat bilatéral enregistré en la chancellerie
« de ce Consulat, qui vous lie au Maréchal Sou, est très caté-
« gorique. Vous pouvez être assuré que vous trouverez auprès
« du Consul de France, s'il y a lieu, et quand vous le désire-
« rez, un défenseur naturel de vos droits. Il lui incombe, en
« effet, au premier chef, le devoir de sauvegarder les intérêts
« de ses compatriotes. Le Consul se permet toutefois d'expri-
« mer l'avis, qu'une action quelconque, dans le sens sous-
« entendu ci-dessus, serait peut-être prématurée actuellement,
« *surtout dans votre propre intérêt.* »

Dans sa lettre particulière, le Consul m'écrivait :
« Puisque vous avez la chance de pouvoir faire face aux
« grosses avances dont vous m'avez parlé, je pense qu'il vaut
« mieux vous armer de patience afin de ne pas compromettre
« une situation, qui peut brusquement devenir bien meilleure
« et dans laquelle vous rendez à notre Gouvernement des ser-
« vices signalés qui sont justement appréciés, croyez-le bien. »

Et il ajoutait :

« Je crois d'ailleurs vous donner l'assurance que quoi qu'il
« arrive, vos intérêts seront sauvegardés. Votre contrat du
« 21 décembre 1897 dûment enregistré au Consulat est là
« pour quelque chose, et il sera toujours temps de le pro-
« duire. Nous recauserons d'ailleurs de tout cela avant peu
« de jours. »

Dans sa lettre officielle, le Consul de France me priait de
lui en accuser réception aussitôt que je le pourrais.

Quelques jours après, j'avais avec lui un entretien d'où il
ressortait que : le Gouvernement me trouvant indispensable
sur les frontières, il ne voulait à aucun prix que j'abandonne
le Kwang-Si dans un moment où je rendais les plus grands
services pour la pacification du pays ; que lui, Consul de
France, à Longtchéou, m'engageait, au nom de la France, à
ne pas quitter Pinh-Shiang et à continuer ma tâche, et m'assurait du remboursement complet des grosses sommes qui
m'étaient dues par le Maréchal Sou et la Commission Impériale du chemin de fer, et de l'intervention du Gouvernement
en cas de besoin.

Je ne pris cependant aucune résolution sur-le-champ, et je
remis à plus tard la réponse que je voulais faire à la lettre
officielle du Consul de Longtchéou.

C'est de Macao seulement, c'est-à-dire trois semaines après,
que je l'expédiai au Consulat. J'avais conduit ma famille
dans cette colonie portugaise pour qu'elle y prît quelque
repos, et, pendant mon voyage, j'avais pu réfléchir aux conséquences fâcheuses que me vaudrait, peut-être, le maintien
de ma décision. J'avais également pris conseil de plusieurs
persónnes qui, après la lecture de la lettre consulaire, m'avaient
dissuadé d'abandonner mon poste.

Je savais déjà, par expérience, ce qu'il en avait coûté à
Tien-Tsin au syndicat français Thévenet d'avoir eu le Consulat
contre lui, et je pouvais craindre, en persistant dans ma
demande de règlement avec mon chef, un revirement de celui
qui tenait absolument à me conserver et qui, moralement,
en avait pris l'engagement vis-à-vis du Gouvernement de
l'Indo-Chine. Mieux valait donc avoir le Consul pour moi que
contre moi, car, à un moment donné, je pouvais avoir besoin

de lui, de ses bons offices et de son tribunal, étant placé directement sous sa juridiction.

Quiconque habite l'étranger, et principalement la Chine, connaît les pouvoirs dont sont investis nos Consuls ; ils ont tous les droits, ou les prennent, même celui de faire expulser sur un simple arrêté les compatriotes qui ont cessé de leur plaire, quitte à ceux-ci, après leur expulsion, d'en appeler à Paris s'ils en ont les moyens, car, le Ministre de France en Chine soutiendra envers et contre tous le Consul placé sous ses ordres et lui donnera raison contre celui qui osera porter plainte à Pékin.

Le Consul rend la justice, acquitte ou condamne, et ses jugements sont exécutoires dans les vingt-quatre heures. Toute protestation de la part du lésé à la Chancellerie du Consulat qui instrumente, auprès du chancelier remplissant les fonctions multiples de notaire, d'huissier, etc., etc., est peine perdue. On vend jusqu'aux hardes de celui qui, souvent, est condamné arbitrairement, quitte à celui-ci d'en appeler à une autre Cour, qui, pour la Chine, siège à Saïgon (Jugement rendu par le Consul de Tien-Tsin : de Bezaure, en faveur de Griffon contre le Syndicat Thévenet (1892 à 1895).

Qu'un Français ait maille à partir avec son Consul et demande une enquête sur les faits qu'il expose au Ministère, à Pékin et à Paris, plaintes et réclamations restent dans les cartons ; il est aussitôt coté comme gêneur, et mis à l'index du corps consulaire tout entier qui le poursuit de sa haine et de ses tracasseries, pendant tout le séjour qu'il fait dans le pays où il a le malheur d'habiter, et lui établit une réputation déplorable contre laquelle il ne peut rien.

Enfin, si un citoyen a été lésé par les agissements d'un Consul et qu'il vienne exposer lui-même ses revendications au Ministre de la République à Pékin, il risque, ou bien de n'être pas reçu par le représentant de sa patrie, ou d'être mis plus ou moins poliment à la porte, ou, encore, de recevoir cette réponse qui est un cliché pour certain Ministre : « Adressez-vous à Paris si vous le voulez, moi, je ne suis qu'un agent transmetteur. »

Avec de pareils règlements et une semblable administration, tout Français, en Chine, est, pieds et poings liés, livré au bon vouloir des représentants de son pays, je ne pouvais que me rendre aux conseils qui m'avaient été donnés, et j'écrivis au Consul de France, à Longtchéou, en l'assurant à nouveau de mon dévouement et de mes services au Kwang-Si, tant que l'exigeraient les circonstances.

La semaine suivante, je revins au camp et m'occupai, comme par le passé, des affaires de la frontière qui, durant mon séjour à Macao, avaient été délaissées par le Général Mâ à qui j'avais confié le commandement.

Parmi les nombreuses lettres qui m'attendaient, j'en trouvai quelques-unes du Maréchal me tenant au courant des opérations qu'il continuait dans la région de Seï-Linn; il m'annonçait, en particulier, la capture d'un grand nombre de petites bandes disséminées dans la région des « trente-huit grottes du Nord. » Dans l'une d'elles, mon chef prévoyait la pacification prochaine de tout ce territoire et me faisait connaître son intention de descendre, aussitôt après, sur Nanning, où il pourrait recevoir les sommes qui lui étaient dues. En attendant, il me demandait encore, comme un service des plus grands, de me rendre au Tonkin, pour lui trouver vingt mille piastres à emprunter.

Sans se soucier des considérations qu'il m'exposait, je lui répondis télégraphiquement par un refus des plus brefs. Deux jours après, je recevais une nouvelle dépêche m'affirmant qu'il rendrait cet argent avant la fin du neuvième mois (nous étions au commencement). Je répondis à nouveau, mais cette fois par lettre, en lui faisant sentir que je n'étais plus dupe de ses promesses, et ce fut tout. Je sus après, qu'un commerçant chinois de Longtchéou, nommé Te-Tchang, lui avait avancé 30.000 taëls à 3 0/0 par mois.

A ce moment, je m'estimais fort heureux des engagements qu'avait pris avec moi le Consul de France et le Gouvernement général de l'Indo-Chine, de me faire régler quand l'instant deviendrait propice et à ma première demande ultérieure, et je ne regrettai pas d'avoir accédé aux désirs du Gouvernement français en restant à mon poste, dans le seul but de lui être utile, comme il me l'avait demandé, et tant que les circonstances devaient l'exiger ; car, le Maréchal s'endettait chaque jour, et je ne lui voyais pas les moyens de sortir de cette fâcheuse et inextricable situation.

Ma famille étant à Macao, je vivais le plus souvent au camp où je disposais de plus de temps, et d'où je pouvais expédier, au jour le jour, les affaires que m'envoyaient les territoires militaires français et celles des mandarins locaux. Je m'occupais également de la route d'accès qui devait relier la voie ferrée française à la chinoise, à la Porte de Chine, ainsi que m'en avait parlé M. Doumer, lors de sa dernière visite. Pour ces travaux, un crédit de 30.000 piastres avait été ouvert par lui, et 15.000 piastres avaient été versées au Maréchal (A., nᵒ 50, page 57).

En outre, au fur et à mesure que survenaient des petits faits de piraterie ou de vol, j'ordonnais des enquêtes ou organisais des colonnes volantes que je confiais aux officiers dont j'étais sûr, car, moi-même, je n'en prenais plus la direction, à la suite d'une promesse faite à ma femme alors enceinte, de ne pas m'exposer aux coups de feu pendant tout le temps qu'elle resterait à Macao.

A l'aide des renseignements que me fournissait le colonel français et de ceux que j'avais moi-même par les indigènes du pays, qui tous étaient à ma dévotion et aimaient à me faire plaisir, je vins vite à bout de toutes ces petites bandes qui furent dispersées ou prises. Plusieurs exécutions capitales, dont quelques-unes furent demandées par les autorités françaises (A. nᵒ 43, page 51) comme exemples, produisirent le meilleur effet sur les populations turbulentes, toujours prêtes à assommer ou à voler.

A la fin de l'année, toute la partie du Kwang-Si, frontière du premier territoire militaire du Tonkin, était débarrassée des pirates.

C'est pendant que j'étais seul à Pinh-Shiang, que je reçus la visite d'un ingénieur de la Compagnie de Fives-Lille qui rentrait définitivement en France. Dans mes pérégrinations, j'avais eu souvent l'occasion de rencontrer sur les routes les agents de cette Compagnie, qui me donnaient des renseignements sur les incidents qui se passaient à Longtchéou, entre les représentants et la Commission officielle chinoise, que le

Vice-Président Kahg dirigeait en l'absence du Maréchal, mais, je m'étais un peu désintéressé de cette affaire, car mes services m'appelaient ailleurs. Je n'étais donc point fâché de recevoir cet ingénieur qui venait me faire ses adieux.

L'année précédente, au mois de février 1900, le représentant de la Compagnie concessionnaire, après avoir remis aux Chinois un prix forfaitaire de 4.450.000 taëls, supérieur à celui qu'il s'était engagé à établir dans cette convention de septembre 1899, passée devant le Ministre de France à Pékin et le Tsoung-Ly-Yamen, était rentré à Paris, après la rupture des négociations entre lui et la Commission impériale, qui avait reçu des ordres de son gouvernement, de ne plus avoir de pourparlers avec la Compagnie, tant qu'elle ne consentirait pas à présenter un projet de 3.200.000 taëls. M. J..., ingénieur en chef, avait succédé à M. B... En quatre années, la Compagnie de Fiyes-Lille en était à son cinquième représentant.

Depuis le départ du quatrième, le personnel d'ingénieurs et de conducteurs était resté sensiblement le même et, cependant, la présence de tous ces agents n'avait pas sa raison d'être après le refus du prix forfaitaire présenté un an auparavant ; néanmoins, la Compagnie continuait à dresser des situations de dépenses mensuelles, comprenant tout ce personnel inoccupé, qu'elle faisait présenter aux Chinois par l'entremise du Consul de France.

M. J..., désespérant de voir jamais aboutir la question du chemin de fer, était parti, à son tour, un beau jour, et quelque temps après, un sixième représentant M. G..., était arrivé à Longtchéou au moment où commençaient les hostilités à Pékin,

Pendant cette période troublée, toutes les affaires chinoises étant suspendues, la Compagnie ne pouvait espérer d'entrer, à nouveau, en pourparlers avec la Commission impériale ; elle en avait profité pour utiliser à d'autres travaux le personnel qu'elle gardait.

M. G... avait été chargé d'étudier au Tonkin les projets de chemins de fer qui devaient être donnés en adjudication à Hanoï, et, à cet effet, il lui fallait des agents pour aller sur les lieux, faire des rapports, des devis, des dessins, etc., etc., il avait donc emmené ceux de Longtchéou qui n'avaient plus rien à y faire, et, pendant plusieurs mois, les avait utilisés dans notre colonie. Un seul était resté au Kwang-Si pour fournir aux Chinois, par le Consulat, la situation mensuelle des dépenses.

Après les projets étudiés en Indo-Chine par M. G... et ses agents, et les travaux mis en adjudication par le Protectorat, la Compagnie de Fives-Lille n'en ayant obtenu aucun, ses prix dépassant du double ceux des autres Sociétés industrielles, une partie des agents avait été licenciée, et trois seulement étaient revenus en Chine. M. G... lui-même partait à Pékin en octobre, après les événements passés, afin de pouvoir présenter, en temps opportun, la réclamation d'indemnité que la Compagnie de Fives-Lille adressait pour la dédommager des pertes qu'elle prétendait avoir subies au Kwang-Si pendant les troubles du Nord. Il resta à Pékin toute cette année 1901, utilisant son voyage pour le bien de ses mandants qui devinrent, non sans peine, adjudicataires d'un pont à Tien-Tsin.

Après le départ de cet ingénieur qui à son passage venait me voir à Pinh-Shiang, avant de se diriger vers la Mère-Patrie, le comptable de la Compagnie de Fives-Lille, M. L..., restait seul à Longtchéou, chargé de présenter à la Commission impériale, et toujours par les soins du Consulat, les situations des dépenses qui comprenaient, avec les frais généraux à Paris et à Longtchéou, ceux de M. G... à Pékin.

Ce ne fut qu'en juillet de l'année suivante que ce sixième représentant fit sa réapparition au Kwang-Si; il revenait de Pékin où il avait réussi, avec M. Beau, à faire comprendre, dans le montant des indemnités, une somme de 500.000 francs qui fut payée à la Compagnie. A quelque temps de là, le dernier agent, M. L..., quittait définitivement Longtchéou, laissant les deux bâtiments, construits par sa Société pour le compte des Chinois, à la garde du Consulat de France et d'un agent envoyé spécialement par le service de Travaux publics du Tonkin pour les entretenir.

Après sept années de pourparlers infructueux et de discussions sans fin, la Compagnie de Fives-Lille se retirait du

Kwang-Si, laissant la question du chemin de fer, dont la concession avait été obtenue avec grande difficulté par le Gouvernement français, moins avancée qu'elle ne l'était à son arrivée en 1896.

De tous les projets, de toutes les études dont il n'existe pas trace, et de toutes les dépenses faites pendant ces sept années, il ne reste rien à la Chine, que deux immeubles estimés par la Compagnie, elle-même, à 24.000 francs, dont la Chine ne profite même pas puisque les autorités françaises les gardent pour elles, alors que le Gouvernement chinois a payé à Fives-Lille une somme qui s'élève à plus de deux millions de francs.

Si nous comparons cet embryon de ligne, qui n'avait pas plus de 55 kilomètres de developpement et que la Compagnie française n'a même pas pu amorcer, à la magnifique voie ferrée de Han-Kéou Pékin, construite par les Belges, avec de l'argent français, nous constatons que, pendant que les représentants de la Compagnie de Fives-Lille se succédaient à six mois de distance et mettaient sept ans pour arriver à une fin aussi lamentable, la Compagnie belge traçait, exécutait et construisait, en cinq années, une ligne à voie normale de 1300 kilomètres de longueur, avec un pont sur le Fleuve Jaune de 3010 mètres; que l'exploitation de cette ligne est ouverte jusqu'à Pao-Ting-Fou et Tchang-Te-Fou depuis l'année 1900, et que l'inauguration de la ligne totale de Pékin à Hankéou, en passant par le pont qui traverse le Houan-Ho, a lieu le 12 novembre 1905.

ANNÉE 1902

Je voulus profiter de l'accalmie que me laisseraient les fêtes de Noël et du premier de l'an, pour partir à Hanoï afin de conférer avec le Gouvernement général, et de là à Macao reprendre ma famille que je ramenai au camp au mois de janvier.

A mon passage au Tonkin, j'avais vu le Général en chef qui m'avait, comme toujours, vivement félicité et qui s'attendait, me disait-il encore, à l'arrivée par télégramme de la récompense que je méritais depuis si longtemps; le Commandant Lassalle, chef du Cabinet militaire de M. Doumer, m'avait confirmé ce que m'avait dit et écrit le Consul de France quelques mois avant, et m'avait, en outre, fait promettre mon concours actif pour le bien de notre colonie tout en m'assurant, au nom du Gouverneur général, de l'appui, aussi bien moral que matériel, du Gouvernement français, en cas de besoin.

Le Général Dodds m'avait annoncé sa visite dans les premier et deuxième territoires militaires qu'il devait inspecter une dernière fois, avant de fournir à M. Doumer les indications nécessaires pour la remise à l'administration civile du premier territoire, dont la frontière avait été complètement pacifiée, grâce à l'entente parfaite et à la collaboration des deux autorités voisines.

M. Doumer, escomptant la présence du Maréchal au Kwang-Si et son attachement à la France, sûr de mon intervention en toutes circonstances, jugeait, en effet, le moment opportun pour alléger le budget de la Métropole, et remettre le territoire militaire le plus rapproché de Hanoï, à l'administration civile. Mais les événements, encore une fois, empêchèrent la mise à exécution de ce projet.

Au commencement de ce mois, je recevais la nouvelle que le Maréchal allait être déplacé et nommé au Hou-Pê, en remplacement du Général de cette province qui devait prendre le commandement des armées du Kwang-Si. Quelques jours après j'apprenais le retour précipité de mon chef qui revenait du nord de la province où il guerroyait.

Sur ces entrefaites, le Gouvernement général m'annonçait la visite à Pinh-Shiang de l'amiral Pottier, du Général en chef Dodds, des Colonels Septans, Martin, etc., etc.

Durant les quelques jours qui suivirent ces nouvelles, le camp fut en émoi ; les troupes ne savaient à quoi attribuer ce changement de chef que rien n'avait fait prévoir, mais toutes restaient cependant en bon ordre, car les officiers comptaient sur l'amitié de M. Doumer pour leur chef, et étaient convaincus que le Gouvernement français ne manquerait pas d'intervenir à nouveau auprès de la Cour pour conserver celui qui, depuis des années, portait la Croix de Commandeur de la Légion d'honneur, en récompense des services qu'il avait rendus à notre patrie.

Le 8 février, le Maréchal arriva au camp retranché, et une heure après, il était chez moi. Toute la nuit que nous passâmes ensemble suffit à peine pour régler les affaires militaires qu'il m'avait confiées depuis dix-huit mois, et pour nous entretenir de toutes celles de la frontière. Mon chef, qui n'avait encore reçu de ses amis aucune communication le renseignant sur la disgrâce qui le frappait, ne savait au juste à quoi l'attribuer, et attendait impatiemment des télégrammes. Comme ses officiers, il comptait sur l'intervention de l'Indo-Chine pour rester à son commandement, et il avait hâte de voir le Général en chef Dodds, qu'il aimait particulièrement, pour l'entretenir de toutes ses vicissitudes.

Le lendemain 9, arrivèrent à Pinh-Shiang les visiteurs annoncés.

L'Amiral Pottier, qui ne connaissait pas encore le Kwang-Si, fut, comme l'avaient été les gouverneurs, les généraux et les autorités françaises que j'avais déjà reçus, étonné de rencontrer dans ce coin de la Chine, un territoire sillonné de bonnes routes et si complètement différent de ce qu'il avait vu dans le Nord. Bien que très renseigné à Hanoï sur les habitants de Pinh-Shiang, sur notre vie au camp et sur les travaux importants que j'avais exécutés depuis mon arrivée, il ne s'attendait pas à trouver « une organisation semblable, et un décor aussi enchanteur ! » (*sic*) (A. 43 *bis*, page 52).

La réception présidée par le Maréchal, assisté du Général Mâ, que j'avais fait venir pour la circonstance, fut pleine d'entrain et de cordialité. Mon chef entretint particulièrement le Général Dodds et l'Amiral du déplacement qui venait de lui être signifié, et des ennuis que lui vaudrait par la suite ce changement de province. Ces Messieurs le rassurèrent en lui affirmant qu'une demande de la France suffirait pour amener la Cour Impériale à revenir sur sa décision, et qu'il n'avait pas à craindre d'être déplacé, son concours étant absolument nécessaire à la politique de la France.

Ce jour-là, l'Amiral, plein d'admiration pour tout ce qu'il voyait, m'annonça l'arrivée probable de notre Ministre M. Beau, qu'il désirait, m'expliquait-il, rapprocher de M. Doumer avant que ce dernier ne quittât le Tonkin. Après m'avoir entretenu longuement des dissensions politiques survenues entre les représentants des deux ministères : Affaires Étrangères et Colonie, à propos de la question du Yunnan, et m'avoir dit qu'il tenait à me présenter et à me faire connaître, lui-même, à M. Beau, s'il réussissait à le faire venir à Hanoï, l'Amiral Pottier promit de me télégraphier dès qu'il en recevrait la certitude par le Commandant d'un de ses bateaux mouillés à Takon, où M. Beau devait s'embarquer.

Dans la nuit même, le Maréchal nous quitta pour descendre à Longtchéou, où je le rejoignis le lendemain.

Le soir de mon arrivée, il recevait des télégrammes et des lettres de Canton qui, sans lui donner les raisons exactes de son rappel, lui indiquaient, cependant, d'où partait le coup qui venait de l'atteindre, et à qui, il le devait en partie.

En prenant connaissance des nouvelles qu'il me communiquait, je ne pus maîtriser un mouvement de surprise et de gêne. Il était question du Consul de France et du voyage qu'il avait fait dans la région troublée de Seï-Linn, malgré les avertissements qu'il avait reçus du Maréchal et de moi-même A. nᵒˢ 44 et 45, pages 52-54).

Le Consul, avec l'autorisation de Pékin, avait, en effet, entrepris ce voyage, dans le but d'assister à la bénédiction d'une chapelle expiatoire, élevée à la mémoire du Père Mazel assassiné en cet endroit en 1897.

Le représentant de la France était parti avec Mgr Lavest, évêque de Nanning, et le lieutenant François, attaché au Gouvernement général de l'Indo-Chine, qui était venu quelques jours auparavant, le rejoindre à Longtchéou, soi-disant incognito et pour lequel un passeport avait été spécialement demandé à Canton, au nom de François, sans désignation de titre, alors que le Consul et l'autorité chinoise de Longtchéou délivraient habituellement ce genre de documents.

Durant les deux semaines que M. François avait passées au Consulat, M. Culliéret s'était appliqué à dissimuler son titre aux autorités chinoises, et avait toujours répondu évasivement à leurs questions.

D'autre part, M. François avait reçu, par la poste chinoise, une certaine quantité de correspondances qui portaient les titres et qualités de cet officier, lequel avait été vu faisant des relevés de la ville et de ses environs fortifiés.

Toutes ces manœuvres n'avaient pas été sans éveiller des soupçons dans l'esprit des mandarins qui, jusque-là, avaient été habitués à recevoir ouvertement les officiers français.

Dès que le Tao-Taï Hô, ennemi du Maréchal, avait eu connaissance du voyage projeté par le Consul avec M. François et l'évêque de Nanning, il avait informé son gouvernement de la présence de l'officier topographe, et, par vengeance personnelle, avait ajouté que le Consul n'entreprenait ce déplacement qu'à la demande de mon chef qui les attendait.

Après les événements de 1900, et les rumeurs qui déjà couraient à Canton, sur les intentions de la France au Kwang-Si, il n'en avait pas fallu davantage au Vice-Roi de Canton pour décider la Cour, qui ne pardonnait pas la cession de Kwang-

Tchéou-Wang, à envoyer dans une autre province celui qui, pour elle, était vendu aux Français.

Les nouvelles que recevait le Maréchal n'étaient donc point pour le disposer en faveur de M. Culliéret, qui ne se doutait pourtant pas encore des conséquences qu'avait amené ce voyage inutile et ridicule. En effet, si le voyage d'aller, durant lequel l'évêque avait servi d'interprète, s'était effectué sans trop d'incidents, grâce aux ordres donnés par le Maréchal aussitôt que je l'eus informé de la décision du Consul d'entreprendre quand même ce voyage, le retour ne s'était pas fait dans d'aussi bonnes conditions. Les voyageurs avaient dû laisser leur jonque au-delà de Taï-Ping ; mon chef venait d'être informé de son rappel et avait quitté la région pour descendre sans arrêt à Pinh-Shiang ; l'évêque était resté dans sa chrétienté de Seï-Linn. Le Consul, qui ne savait pas un mot de chinois, et M. François, s'étaient mis seuls en route pour rallier Longtchéou, distant de quinze à vingt jours. A un moment, ils avaient été abandonnés par leurs coolies, par leurs matelots, puis par leur escorte ; ils avaient dû faire seuls et à pieds, sans trouver de nourriture, des kilomètres de routes et de sentiers chinois et étaient arrivés à Longtchéou dans un état lamentable.

Enfin, le Consul de France, dès son retour, avait adressé un long rapport aux autorités, demandant la dégradation de trois mandarins locaux qui n'avaient pas su le protéger pendant son voyage, et une punition sévère pour un quatrième qui s'était présenté à lui, non revêtu de son couvre-chef mandarinal.

Les hautes autorités des deux Kwangs étaient donc fort heureuses de se débarrasser du Maréchal, dont la présence dans la province et son amitié pour la France leur valaient des réprimandes et des destitutions ; aussi, le Maréchal n'accepta-t-il de dîner une dernière fois, avant son départ, qu'au Commissariat de la Douane Impériale chinoise qui était un terrain neutre, bien que le titulaire M. F... fût un Français. Il ne voulut pas faire de visite au Consul.

C'était la seconde fois que ses ennemis obtenaient la disgrâce du Maréchal. Son départ ne devait pas être définitif encore, et la joie fut courte chez les mandarins et surtout chez le Tao-Taï de Longtchéou qui avaient provoqué ce déplacement. Je restais, en effet, au Kwang-Si jusqu'à nouvel ordre, et le Tao-Taï se doutait que j'agirai et ferai agir pour que le Maréchal revienne dans la province.

Après que mon chef eut quitté son commandement pour se diriger vers le Hou-Pê, le premier soin du Général Mâ, intérimaire, qui était convaincu de son départ définitif, fut de commencer le licenciement des contingents supplémentaires que le Maréchal avait entretenus, à ses frais, pendant les deux dernières années, car le Gouvernement chinois ne reconnaissait et ne payait que six mille hommes depuis l'année 1900. Quatre mille hommes allaient donc se trouver sans emploi et livrés à eux-mêmes si Mâ continuait le licenciement; qu'allaient à nouveau devenir les frontières si une action immédiate n'intervenait pour arrêter une catastrophe inévitable?

Déjà, plusieurs compagnies de Nanning étaient désarmées et plusieurs petits postes frontières réduits; quelques camps de second ordre, désorganisés, et tous les officiers démoralisés. Je pris mes dispositions pour me rendre au Tonkin où M. Doumer m'avait, du reste, invité à assister à l'inauguration du pont du chemin de fer, construit sur le Fleuve Rouge, qui avait lieu le 25 février, jour de son départ pour la France.

Entre temps, j'avais reçu un télégramme de l'Amiral Pottier (A. n° 46, page 54) m'annonçant l'arrivée, à Hanoï, de M. Beau, Ministre à Pékin. Je mis M. Doumer au courant de la situation, ainsi que le Ministre de France auquel l'Amiral m'avait présenté, et, quelques jours après, le Gouvernement français demandait à Pékin le rappel immédiat du Commandant en chef des armées du Kwang-Si.

Je profitai du séjour de M. Beau pour lui parler de la province que j'habitais depuis des années, et à laquelle il m'avait paru s'intéresser tout particulièrement. Je répondis à toutes les questions qu'il me posa sur le Consulat, ses agents, et sur l'incident du voyage Culliéret-François, dont je l'avais entretenu par l'entremise du Consulat de Hong Kong. Le Ministre de France, en me remerciant de tous ces renseignements, m'avait invité à correspondre, à l'avenir, directement avec lui, au cas où le besoin s'en ferait sentir.

Avant de me faire ses adieux, le Gouverneur général m'avait encore fait promettre de rester à mon poste, et de guider de mes conseils le Haut Mandarin auprès duquel j'avais une si grande influence ; il m'avait assuré que je pouvais compter sur le Gouvernement en toutes circonstances, car la politique française était de garder le Maréchal sur les frontière, envers et contre toutes les intrigues de Pékin ; il me demandait de le tenir toujours au courant des faits qui se produiraient au Kwang-Si, et en même temps de la situation de mon chef qui allait revenir incessamment reprendre son commandement ; enfin, dans un dernier serrement de mains, M. Doumer m'avait encore fait espérer la récompense que j'avais méritée et qui tardait trop à être décernée.

De ce moment, j'étais donc certain du retour du Maréchal au Kwang-Si. De Hanoï, je lui télégraphiai de prolonger son séjour à Nanning et d'y attendre le télégramme que je lui enverrai. J'étais à peine au camp, que je recevais du Gouverneur général, la nouvelle de sa rénomination au Kwang-Si (A. n° 47, page 55).

Le Maréchal n'avait été en dehors de son commandement que l'espace de vingt-cinq jours, et, déjà, un événement tragique s'était déroulé sur la frontière. Pendant que j'étais à Hanoï, un officier français, le lieutenant Weisgerber, avait été assassiné à l'extrémité du premier territoire militaire (A. n° 48, page 56).

Les autorités françaises attribuaient ce meurtre à une bande de pirates qui avait pour chef un nommé Ma-Mann et qui était venu du Nord, disaient-elles, pour accomplir son forfait. J'en doutais, car mes émissaires ne m'avaient signalé aucune bande dans ces parages depuis plusieurs mois. Le Général Mâ, sachant le Maréchal réintégré dans ses fonctions et en route pour le retour, en était furieux et se désintéressait de toutes les affaires. Voyant qu'il ne faisait rien pour rechercher les auteurs de l'assassinat de mon compatriote, j'ordonnai une enquête, et je me rendis, moi-même, sur les lieux, Après plusieurs semaines, je fus convaincu que ce lieutenant n'avait pu être attaqué et tué que par des individus isolés. Le poste chinois faisant face à celui de Talung, que commandait le lieutenant Weisgerber, fut chargé de rechercher les assassins qui, deux mois après, tombèrent aux mains des réguliers. Ces deux meurtriers habitaient le pays et, par vengeance, avaient tué notre compatriote ; sa montre fut retrouvée sur l'un d'eux.

Jusqu'au 6 avril 1902, j'avais gardé le commandement de toutes les frontières ; les fonctions passagères, dont m'avait investi mon chef, avaient duré quinze mois. Son retour me soulagea des lourdes responsabilités qui avaient pesé sur moi pendant toute cette période mouvementée.

De retour en France, M. Doumer pouvait assurer au Gouvernement la pacification complète des frontières de l'Indo-Chine sans crainte d'avoir, plus tard à déplorer un incident sérieux. Les colonnes communes des troupes françaises et chinoises faites contre la piraterie, sous son gouvernement, avaient assagi les populations et mis un terme aux brigandages qui désolaient autrefois les frontières. Les pirates, qui avaient pu échapper à la répression, avaient jugé bon de fuir une contrée où ils risquaient d'être fusillés par les Français et les Chinois dont l'entente était définitivement établie.

Le programme que je m'étais tracé au début de mon séjour au Kwang-Si était, en majeure partie, réalisé. Les populations voisines frontières faisaient bon ménage, allaient et venaient les unes chez les autres, échangeaient leurs denrées commerciales sans être inquiétées ; les officiers et soldats français visitaient les réguliers et les officiers chinois qui, de leur côté, se rendaient aux postes français et entretenaient les meilleures relations. Les commerçants tonkinois venaient en Chine traiter leurs affaires sans crainte d'y être dévalisés, et un courant commercial s'était établi grâce aux routes carrossables qui faisaient suite à celles du Tonkin. Plusieurs de mes compatriotes, à qui j'avais indiqué différentes affaires à organiser au Kwang-Si, trafiquaient en toute sécurité, important des produits français et exportant ceux du pays. Les visites entre Langson et le camp de Pinh-Shiang étaient devenues fréquentes, les routes étaient sûres et les escortes, indispensables autrefois, devenaient inutiles aujourd'hui ; on franchissait la frontière comme on passait un pont.

D'autre part, le Gouvernement général avait installé une école française à Longtchéou, où un grand nombre d'enfants et de jeunes Chinois suivaient les cours de français, professés avec tant de dévouement par M. Voisin. Le haut commerce chinois reconnaissait déjà les bienfaits d'une administration honnête, et s'abouchait plus facilement avec celui de notre possession indo-chinoise.

Enfin, le Gouvernement français était assuré du dévouement sans borne du Maréchal, qui lui devait d'être revenu tout puissant sur la frontière, et qui, ayant contribué au développement de notre influence et de notre extension en Chine, continuerait la politique suivie jusqu'à ce jour.

A part l'insuccès de la Compagnie de Fives-Lille, dans la construction du chemin de fer qu'elle avait abandonnée, les Représentants français en Extrême-Orient pouvaient, à juste titre, se féliciter d'un pareil résultat :

La plus grande partie de la province du Kwang-Si était bel et bien devenue une dépendance de notre colonie indo-chinoise.

DEUXIÈME PARTIE

ANNÉE 1902 (*Suite*).

Pendant que M. Doumer était en France, M. Broni, Secrétaire général, remplissait les fonctions de Gouverneur général
intérimaire ; le Général Dodds restait Commandant en chef
des troupes de l'Indo-Chine à Hanoï ; le Colonel Martin, successeur du Colonel Amar, commandait le premier territoire
à Langson et le Colonel Schneider, successeur du Colonel
Riou, était chargé du deuxième territoire militaire à Cao-
bang.

Peu de temps après l'arrivée de M. Beau à Pékin, où il
était retourné après sa visite au Tonkin, nous avions appris
la nomination d'un Consul de carrière au poste de Longtchéou, en remplacement de M. Culliéret qui rentrait, d'abord
en France, pour revenir plus tard au Consulat de Hoï-How
dans l'île de Haïnan. Ce nouveau Consul, autrefois à Seu-
Mao au Yunnan, devait passer par Hanoï pour rejoindre le
poste dont il venait d'être nommé titulaire.

A cette époque, j'avais dû conduire ma femme au Tonkin
pour qu'elle fît ses couches à Hanoï, n'ayant en Chine et au
camp, aucun médecin, aucun aide pour l'assister. C'est dans
cette ville que je fis la connaissance de M. le Consul Dautremer, qui profita de mon retour pour venir au Kwang-Si
qu'il ne connaissait pas, et où nous arrivâmes le 29 avril 1902.

Durant les quatre journées que nous restâmes ensemble,
car il n'était pas pressé, me disait-il, de se rendre à Long-

tchéou, nous eûmes des conversations multiples, étant toute
la journée en tête-à-tête. Je l'entretins de ma situation difficile et des sommes élevées qui m'étaient dues; des promesses
que m'avait faites le Gouvernement; des seules ressources
que me rapportaient quelques affaires commerciales sur lesquelles je vivais en attendant mon règlement de comptes ;
des disgrâces encourues par Sou, toujours mal vu des mandarins civils, etc., etc. ; enfin de tout ce qui pouvait intéresser
un nouveau venu dans le pays où il allait résider.

Je remarquai, cependant, que ses idées variaient souvent
et n'étaient pas très assises, car, ce qu'il m'affirmait la veille,
devenait souvent contraire le lendemain.

D'autre part, sa désinvolture à parler des gens et des choses, à discuter des affaires qui me paraissaient pourtant importantes; sa façon de juger les actes de son gouvernement
et de ses chefs, et d'apprécier ses collègues ; enfin les propos
les plus étranges qu'il tenait sur tout ce qui concernait l'Indo-
Chine, M. Doumer et ses collaborateurs, ne pouvaient que
me laisser une mauvaise impression, et ne m'annonçait rien
de bon.

De ces conversations variées, je retins surtout les paroles
qui m'avaient le plus vivement frappé et qui me donnaient à
réfléchir. M. Dautremer m'avait annoncé qu'il venait au
Kwang-Si pour fort peu de temps, quoique titulaire du poste
de Longtchéou ; qu'il était porteur d'instructions nettes et
précises pour la Compagnie de Fives-Lille, les autorités chinoises et les habitants du pays; qu'il était chargé par M. Beau,
dont il était le bras droit, d'une mission qu'il mènerait à
bonne fin, et, qu'après avoir balayé tout ce qui était de trop
au Kwang-Si, il demanderait la suppression du poste consulaire de Longtchéou qui n'aurait plus sa raison d'être, comme
il l'avait déjà fait pour le Consulat de Sseu-Mao, d'où il
venait.

Avant de me quitter pour aller rejoindre son poste, le Consul de France m'avait cependant recommandé de ne pas
manquer de lui rendre compte des événements qui viendraient
à ma connaissance, et de l'en informer immédiatement, comme
je l'avais toujours fait avec ses prédécesseurs.

Pendant qu'il se dirigeait vers Longtchéou, sans pouvoir
traverser le camp retranché, dont l'entrée lui avait été inter-

dite par le Maréchal, comme elle l'était pour tout étranger, en vertu des règlements impériaux, je me demandai si ce Consul avait bien toute sa raison. Je ne pouvais, en effet, supposer que M. Doumer, à peine parti du Tonkin, un changement radical de sa politique allait être apporté dans l'administration des affaires de la frontière.

Quelles pouvaient bien être les instructions fermes et catégoriques données à M. Dautremer par le Ministre de France, que j'avais rencontré deux mois auparavant à Hanoï?

Qui pouvait-il bien avoir à *démolir* dans la province du Kwang-Si?

De quelle mission l'avait chargé M. Beau, dont il était le bras droit, qui le connaissait « Casseur d'assiettes » ?

Je devais, peu de temps après, être fixé sur tous ces points.

Quatre jours ne s'étaient pas écoulés, que le Consul refaisait son apparition chez moi. Il retournait à Hanoï, m'apprenait-il, « parce que son prédécesseur Cullieret n'avait pas encore vidé les lieux ». En effet, le lendemain, il partait pour la capitale.

Huit jours après, M. Cullieret passait à Pinh-Shiang me faire ses adieux, et prendre mes commissions pour la France.

Enfin, une semaine se passa encore, et M. Dautremer rallia Longtchéou.

Sur ces entrefaites, les événements dans l'intérieur du Kwang-Si, côté Kwang-Tong, s'étaient compliqués.

Le fléau, qui s'était abattu sur ces deux provinces deux années durant, prenait des proportions gigantesques, et la famine sévissait plus épouvantable que jamais. Déjà en 1901, les habitants, pour manger, avaient sacrifié tous les animaux de labour, il ne leur restait, au commencement de cette année 1902, ni chevaux, ni bœufs, ni buffles pour travailler leurs terres et faire les semences que l'autorité chinoise avait fait distribuer dans les villages, et qui, d'ailleurs, avaient été vite englouties par ces affamés. Les hommes valides avaient abandonné leurs foyers, laissant leurs misérables familles, pour s'enrôler dans les bandes. Ils s'en formaient de toutes parts ; les chefs sortaient de la province du Kwang-Tong et étaient à la solde des Sociétés secrètes. En peu de temps, un nombre considérable de pirates étaient apparus sur tous les points de l'intérieur longeant surtout le fleuve de Canton, dévastant tout ce qu'ils trouvaient sur leur passage, pillant, volant les femmes et les enfants qu'ils dirigeaient par bateaux sur le grand centre de ces marchés : « Canton ».

A l'effet de réprimer ce commencement de rébellion générale, le Vice-Roi de Canton avait ordonné au Maréchal de se porter avec ses troupes sur les points principaux de la province, et lui avait recommandé expressément de ne faire aucun quartier. A cet appel, mon chef avait expédié son général de brigade avec son armée qui opérait depuis plusieurs semaines en conformité des ordres reçus de Canton.

Ce général, qui était une véritable brute, et qui avait, comme troupes des soldats plus barbares encore, ne faisait, en effet, aucun quartier, quand il rencontrait des pirates ou des gens qu'il classait dans la même catégorie. D'ailleurs, la répression se faisait sous la responsabilité du Maréchal qu'il haïssait profondément, bien qu'il ne lui eût jamais montré ouvertement son hostilité, et il n'était pas fâché d'avoir l'occasion de lui attirer des histoires avec les autorités civiles provinciales; car, c'est à elles que se plaignaient les chefs de village, sous-préfets et autres, qui protestaient contre les exactions commises par les troupes impériales.

Depuis le retour du Maréchal au Kwang-Si, à la demande du Gouvernement français, sa situation était loin d'être aussi définie qu'autrefois. La Cour impériale, arrivée à Pékin au printemps, avait profité de ce rappel forcé pour amoindrir ses pouvoirs et faire des économies, en ne lui payant pas les sommes qui lui étaient dues. De plus, le Vice-Roi, qui était un fidèle serviteur do l'Impératrice et, par conséquent, un ennemi de la France, avait conservé au Général Mâ une partie de l'intérim précédent et lui faisait parvenir directement la solde des armées de la province, y compris celle des troupes du Maréchal, dans le but de faire sentir son autorité à ce dernier et de lui être désagréable. Mon chef, lui-même, ne recevait aucun subside de son gouvernement qui lui manifestait ainsi tout son mécontentement de l'intervention des Français. La situation du moment était donc fort précaire pour lui, mais, bravement, il y faisait face.

Ayant été instruit des plaintes qu'avait soulevées la répression par son subordonné, il avait expédié ses propres troupes avec toutes sortes de recommandations à ses officiers qui lui envoyaient au camp tous les prisonniers.

Dès que je fus certain de la présence du Consul à Longtchéou — car il avait l'habitude de quitter son poste pour le Tonkin, sans prévenir, — je lui écrivis, ainsi qu'il me l'avait recommandé, une longue lettre lui donnant les renseignements que j'avais sur l'état de l'intérieur de la province, et que je fis porter au Consulat le 31 mai au matin.

Dans cette lettre, qui était la première que je faisais parvenir au nouveau Consul, j'avais bien soin de lui faire remarquer que les renseignements que je lui donnais étaient confidentiels et à *titre français* seulement ; je l'informais que les mandarins civils, en présence des troubles croissants, des pillages, des massacres et des crimes qui se commettaient, étaient incapables de réagir, et que, de plus, ils contrecarraient les ordres du Maréchal, chaque fois qu'il prenait des dispositions pour réprimer les désordres.

Je disais, en outre, au Consul, que, si des missionnaires se trouvaient isolés dans l'intérieur, il était prudent de les faire rentrer à Longtchéou, car, il était à craindre qu'avant peu de temps, l'intérieur de la province fût mis à feu et à sang. Enfin, je lui faisais savoir que Longtchéou où il se trouvait avait une garnison suffisante pour protéger tous les habitants qui n'avaient absolument rien à craindre, pas plus que ceux de Nanning où se trouvait le quartier général de Mâ avec deux mille hommes, et que, d'ailleurs, les troubles étaient en dehors de la zone frontière qui restait tranquille.

En recevant cette lettre, que je lui adressais à titre français, confidentiel et pour le seul bien de mes compatriotes, que fit le Consul de France ?

Il se rendit chez le Tao-Taï, qui avait été l'instigateur du rappel du Maréchal et qui, par conséquent, était notre ennemi, et lui donna communication de ma lettre confidentielle, en y ajoutant, de vive-voix, de soi-disant renseignements que cette lettre ne contenait pas.

Comment qualifier l'acte de ce Consul, placé à Longtchéou

8

pour sauvegarder les intérêts de la France et ceux de ses nationaux ?

De retour au Consulat, M. Dautremer, toujours en se servant de ma lettre, et en l'interprétant à sa façon, dépêchait des agents chez tous les Européens, leur ordonnant de préparer leur départ pour le Tonkin ; puis il télégraphiait à l'évêque de Nanning de rallier Longtchéou immédiatement avec tous ses chrétiens, et l'Indo-Chine ensuite. Enfin, sans attendre ses nationaux, le Consul de France se sauvait seul, avec une importante escorte de miliciens qu'il avait demandée au Tao-taï, et arrivait sans encombre à la frontière, d'où il câblait à Paris et à Pékin.

Le lendemain, le Maréchal reçut un télégramme du Tao-Taï qui l'informait de la présentation de ma lettre par le Consul, et des suites qui avaient suivi son entrevue. Il exprimait en outre, à mon chef, tout son mécontentement, et lui faisait savoir qu'il n'admettait pas que je me permisse d'écrire à mon Consul, que la guerre régnait entre les mandarins civils et militaires de la province.

Devant les complications que pouvaient entraîner les mesures prises par le Consul de France, en fuite au Tonkin, il fallait prendre une décision immédiate.

Me souvenant des recommandations que m'avait faites M. Beau, lors de notre rencontre à Hanoï, je télégraphiai la vérité au Ministre à Pékin, et l'assurai de la tranquillité parfaite de la frontière, de Nanning et de Longtchéou (A. n° 49, page 56) ; je fis porter, le jour même, une longue lettre à M. Voisin qui remplissait les fonctions de chancelier du Consulat, dans laquelle je le priais de rassurer tout le monde ; enfin, j'écrivis à Hanoï et à Pékin pour rendre compte de la situation créée par M. Dautremer.

Deux jours après, je recevais, avec la visite du docteur du Consulat, M. G..., une note du Chancelier me confirmant, et l'incident de la lettre et la parfaite tranquillité des résidants étrangers, qui connaissaient le caractère et le tempérament du nouveau Consul.

Pendant que M. Dautremer était à Hanoï, où il racontait des histoires de brigands qui intéressaient fort les Tonkinois, la répression continuait au Kwang-Si. J'étais descendu à

Longtchéou, non seulement pour me renseigner directement auprès de mes compatriotes et de M. Maze, neveu de Sir Robert Hart, qui dirigeait la douane chinoise dans ce poste, sur les incidents soulevés par le Consul de France, mais, surtout, pour assister le Maréchal dont le Yamenn regorgeait de prisonniers faits par ses réguliers. Il fallait faire les interrogatoires et les jugements, et mon chef n'y pouvait suffire. Parmi eux, se trouvaient souvent des catholiques qui se réclamaient de la mission et du Père Costenoble, vicaire du district. J'avais déjà reçu de ce missionnaire les noms de plusieurs de ses catéchumènes qui avaient été ramassés dans les rafles opérées tous les jours, et que j'avais fait rendre à la liberté, sur l'assurance qu'il m'avait donnée, par écrit, de leur non-culpabilité. Mais cette fois, il y avait vraiment trop de prisonniers qui se déclaraient catholiques, et une enquête s'imposait.

Le Consul était à Hanoï, et le chancelier, M. Voisin, ne pouvait prendre sur lui de me donner des renseignements sur les missionnaires et leurs affaires ; je devais donc, moi-même, mener mes enquêtes. Or, il résultait des interrogatoires des prisonniers qu'ils n'étaient catholiques, les uns, que depuis deux mois, les autres, que depuis quinze jours seulement. Dans ce but, je me rendis auprès du Père Costenoble, qui, devant les preuves que je lui montrai, m'apprit que le nombre de ses chrétiens ne dépassait pas quinze l'année précédente, mais, qu'en l'espace de trois mois, il avait eu quatre-vingt-huit affiliés, et que ceux-ci lui amenaient chaque jour de nouveaux adhérents.

Il n'y avait plus aucun doute à avoir ; les pirates se faisaient enrôler dans la mission, avec l'espoir, qu'une fois pris, ils pourraient se réclamer du Père. Après lui avoir fait comprendre les dangers auxquels il s'exposait, en recevant chez lui des gens qu'il ne connaissait pas et qui pouvaient être des bandits, dans le seul but de voir augmenter le nombre de ses ouailles et de recevoir des félicitations de son évêque, je le quittai, en lui promettant de lâcher quatre ou cinq Chinois dont il pouvait répondre. De son côté, il s'engagea envers moi à ne plus accepter de Chinois douteux.

Quelques jours après, j'étais de retour au camp.

Le Consul Dautremer qui, du Tonkin, s'attendait à l'arrivée, après lui, de tous ses nationaux, était assez penaud de voir qu'il restait seul. Son chancelier l'informait que tout était resté parfaitement tranquille à Longtchéou et sur les frontières, et qu'il n'y avait pas lieu de craindre la moindre escarmouche. Il fallait donc qu'il revînt à son poste. C'est ce qu'il fit le 10 juin.

Le 13 juin, je recevais du Consul de France, la lettre suivante :

« Longtchéou, le 12 juin 1902.

« Monsieur,

« Depuis que je suis arrivé à Longtchéou, je remarque que
« vous vous permettez (en quelle qualité, je l'ignore) de corres-
« pondre directement soit avec le Gouvernement général de
« l'Indo-Chine, soit avec l'État-Major, soit avec les comman-
« dants des territoires militaires frontières, soit même enfin
« avec les Missions catholiques, au sujet de questions qui
« sont du ressort du Consulat.

« La seule autorité française au Kwang-Si est le Consul
« dont vous relevez vous-même comme citoyen français.

« Je vous avais déjà prévenu verbalement que je ne pouvais
« tolérer votre manière de faire, mais vous ne me paraissez
« pas avoir tenu compte de mes avertissements.

« Vous comprendrez, dès lors, que votre attitude ne saurait
« me convenir.

« Que vous portiez à la connaissance du Consulat un ou
« plusieurs faits intéressants qui vous sont connus et qui
« peuvent nous être utiles à savoir, c'est là une chose que
« peut, que doit même faire tout bon citoyen français. Mais
« vous n'avez aucune qualité officieuse ou officielle pour vous
« permettre de correspondre avec les autorités ou les parti-
« culiers au sujet des affaires de frontière ou de mission,
« affaires qui ne regardent, je vous le répète, que le Consul
« de Longtchéou.

« Je ne saurais admettre votre intermédiaire auprès de per-
« sonne, encore moins puis-je accepter, sans protestation,
« votre correspondance sur des matières qui ne vous concer-
« nent pas, et où vous semblez négliger totalement la présence
« de l'agent de la République du Kwang-Si.

« Je ne saurais donc trop vous recommander de bien veil-
« ler à rester dans vos attributions uniquement privées au
« service du général chinois Sou, sinon vous me mettez dans
« l'obligation de prendre à votre égard telles mesures que je
« jugerais nécessaires.

« Recevez, Monsieur, l'assurance de ma parfaite considé-
« ration.

Signé : Dautremer
Consul de France.

A la date du 12 juin, ce Consul m'écrivait :

« Que vous portiez à la connaissance du Consulat un ou
« plusieurs faits intéressants qui vous sont connus et qui peu-
« vent nous être utiles à savoir, c'est là une chose que peut,
« et que doit même faire tout bon citoyen français. »

Dix jours avant, il avait communiqué au Tao-Taï de Longtchéou, la lettre confidentielle que je lui avais adressée à titre
français !

Il me reprochait de correspondre avec les missions, au
moment où il se promenait à Hanoï, après avoir fui son poste
dans les conditions que l'on sait, et il menaçait aujourd'hui
de prendre des mesures coercitives contre moi !

Était-ce là la récompense qui m'était réservée ?

Le lendemain, 14 juin, le Maréchal recevait, à son tour, une
lettre officielle de M. Dautremer qui lui donnait l'ordre d'avoir
à cesser toute correspondance directe avec les autorités du
Tonkin, civiles et militaires, et de traiter, à l'avenir, toutes
les affaires de la frontière avec le Consul de France, seule
autorité reconnue à Longtchéou par les deux gouvernements.

Le Consul lui disait en substance :

« Si vous avez à faire connaître ou à demander des rensei-
« gnements aux autorités de l'Indo-Chine, c'est au Consulat
« que vous devez vous adresser pour qu'il les leur transmette
« s'il le juge à propos, et non à M. Bertrand qui n'a aucune
« qualité pour correspondre avec les autorités françaises, ni
« aucune situation officielle.

« Je ne vous permets pas de vous servir d'autre voie que
« celle du Consulat pour entretenir des relations avec les ter-
« ritoires militaires. »

Depuis dix ans, le Maréchal était en relations suivies avec
les Consuls de Longtchéou et les autorités françaises, et,

jamais encore, il n'avait reçu pareille remontrance de leur part. Depuis un mois que M. Dautremer était titulaire du poste, c'était la deuxième affaire qu'il suscitait au Maréchal et à moi ; le Maréchal avait pu éviter toute complication après sa fuite du 3 juin, mais le Consul venait une seconde fois soulever une question qui ne le regardait pas et dont il ignorait le premier mot, attendu que les règlements de la police frontière, bien définis par M. le Consul Bons d'Anty, lui donnaient « *l'ordre de correspondre directement avec les autorités civiles et militaires de la frontière, de façon à être en rapport immédiat à la première alerte et sans passer par le Consulat de Longtchéou, situé à une journée du Camp retranché* »; il crut, cette fois, devoir en rendre compte à son gouvernement. D'autre part, il m'invita à faire connaître les termes de la lettre consulaire à M. Beau, Ministre de France à Pékin, ce que je fis le 27 juin, en lui confirmant mes lettres précédentes, dans l'une desquelles je lui avais fait savoir, qu'au cas, où lui, Ministre de la République en Chine, aurait à se plaindre de ma présence au Kwang-Si, je quitterais le camp de Pinh-Shiang, dès qu'il m'en informerait.

Content et satisfait certainement de l'envoi de ces deux lettres, le Consul, huit jours après, partait de nouveau au Tonkin ; moi-même, ayant à régler quelques petites affaires de la frontière, je me rendis à Hanoï fin juin.

En passant à Langson, le Colonel Martin m'avait déjà averti de la campagne entreprise par M. Dautremer contre le Maréchal et moi, et avait signalé à mon attention l'article d'un journal tonkinois qui venait de paraître.

A Hanoï, seulement, j'appris réellement le but des déplacements fréquents qu'y faisait notre Consul.

Cet article, paru dans *l'Indo-Chine Républicaine* le 24 juin, était intitulé :

La vérité sur le Kwang-Si.
La raison sociale Sou, Bertrand et C°.

Non seulement l'auteur nous dépeignait comme des bandits, le Maréchal Soù et moi, mais il associait le Général en chef Dodds et son état-major à toutes les exactions, à tous les crimes, à tous les vols, dont il nous accusait.

Bien que cet article fût signé « Sapiens », le nom de l'auteur m'apparut bien vite dans la facture que je reconnaissais.

Deux faits, connus *seulement* de M. Dautremer, à qui j'avais eu l'imprudence de les raconter lors de nos premiers entretiens, celui du versement des 15.000 piastres pour la route frontière (A. n° 50, page 57) et celui de m'occuper du commerce de la badiane, étaient dénoncés par cet article. D'autre part, les autorités supérieures du Tonkin connaissaient le nom véritable de « Sapiens » et ses agissements ; M. Broni, Secrétaire général, avait dû, déjà, et par lettre, rappeler vertement à l'ordre M. Dautremer, qui lui avait écrit une lettre irrespectueuse.

Sans m'occuper des suites que le Gouvernement militaire français pouvait donner aux attaques dont il était l'objet, et jugeant que j'étais suffisamment vilipendé moi-même, pour actionner le journal en diffamation, j'en confiai le soin à un avocat qui lança une assignation à « Sapiens » d'avoir à comparaître devant le Tribunal correctionnel de Hanoï.

M. Dautremer savait que je ne pouvais lire les journaux, n'en ayant pas les loisirs, il pensait, peut-être, que je n'aurais pas connaissance de sa prose, ou, qu'en tous cas, je n'y répondrais point. Il s'abusait étrangement.

L'affaire suivait son cours, et le directeur du journal regrettait déjà l'insertion de l'article de « Sapiens », aussi, pour se couvrir, écrivit-il à M. Dautremer, de lui envoyer des renseignements complémentaires pour faciliter la défense devant les tribunaux où je l'avais attaqué, comme responsable de l'article.

Cette demande n'embarrassa pas un homme de l'envergure du Consul Dautremer, il expédia à ce journal *une fiche de renseignements sur moi*, avec une lettre à l'appui, affirmant à *l'Indo-Chine Républicaine* qu'elle pouvait, sans crainte d'un démenti de ma part, publier cette fiche, ayant au Consulat toutes les preuves de ce qu'il avançait.

Mais, parmi les actionnaires de ce journal, se trouvait un de mes amis, M. S..., qui, dès l'apparition de l'article « Sapiens », n'avait pas craint de protester énergiquement contre l'acte du Consul, qu'il qualifiait d'antipatriotique, et de prendre ma défense dans une réunion au sujet de la fiche qu'ils venaient de recevoir de M. Dautremer.

M. S..., n'eut pas grand'peine à leur prouver la fausseté

des accusations qu'elle contenait, et à leur faire comprendre le but que se proposait le Consul de Longtchéou.

Le Consulat, qui avait sur son registre des immatriculations, la copie de tous mes documents officiels faite par ordre de M. le Consul François, depuis la date de ma naissance jusqu'à mon arrivée au Kwang-Si, envoyait au journal une fiche, muette sur les dates, m'accusant, entre autres, d'avoir été licencié pour malversation de l'arsenal de Saïgon, de m'être sauvé ensuite en Chine à l'arsenal de Fou-Tchéou, d'avoir collaboré à l'armement des navires chinois qui avaient combattu contre l'amiral Courbet, et de m'être encore sauvé après la guerre et la destruction de l'arsenal de Fou-Tchéou pour me réfugier à Saïgon.

Or, le bombardement de Fou-Tchéou, par l'amiral Courbet, s'était passé en février 1884 ; né le 27 juin 1862, j'avais à cette époque un peu plus de vingt et un ans, et j'étais à cette date en France, en service au Ministère des Travaux publics.

Toutes les autres accusations étant à l'avenant, la fiche Dautremer tombait donc d'elle-même, et n'avait aucune utilité pour la défense du journal qui se garda bien de la publier (A. n° 51, page 57).

Quelques jours après, j'étais informé du passage à Langson du Consul. Il avait à nouveau quitté Longtchéou pour le Tonkin et retournait à Hanoï.

Sur ces entrefaites, je recevais un mot de M. Doire, de Canton (A. n° 52, page 59), m'annonçant qu'il venait prendre la gérance du Consulat de Longtchéou. Dans sa lettre, il me rappelait nos bonnes relations d'autrefois, à Tien-Tsin où nous nous étions rencontrés, et s'estimait tout particulièrement heureux de venir me retrouver.

Si M. Doire venait au Kwang-Si, M. Dautremer quittait donc son poste, et la situation allait heureusement changer, pour le bien de tous.

J'appris, plus tard, que le Consul Dautremer avait obtenu de Pékin, l'autorisation de rentrer en France pour affaires de famille. Il devait, avait-il dit, ramener avec lui sa femme et ses enfants qui, seuls, ne pouvaient faire un voyage aussi long. Mais, la raison qu'il donna pour sortir du Kwang-Si n'était pas du tout celle qui le faisait fuir devant le danger auquel il s'était exposé. Le procès allait prendre place devant le Tribunal correctionnel, et il voulait être loin avant l'ouverture des débats. C'est à l'hôtel métropole, à Hanoï, qu'il y rencontra M. Doire et lui fit la remise du Consulat, pour ne pas avoir à retourner à Longtchéou.

Avant de quitter le Tonkin, il faisait paraître dans les journaux, l'entrefilet suivant (A. n° 53, page 59).

« 28 Juillet : M. Dautremer, notre Consul à Longtchéou, « est parti par le régulier d'hier pour rentrer en France où « il va faire un court séjour. Nous souhaitons à cet énergique « Représentant de la France bon séjour au pays et prompt « retour en Extrême-Orient.

« D'après nos informations. nous croyons savoir que M. Dau-« tremer va proposer la suppression des territoires militaires, « **il a aussi la ferme intention de faire demander à Pékin** « **le déplacement définitif du Maréchal Sou, et ferait, au** « **besoin, porter la question au Parlement.** »

Entre temps, M. Beau, Ministre à Pékin, avait été nommé Gouverneur général de l'Indo-Chine en remplacement de M. Doumer. Il était rentré en France par le Transsibérien pour prendre à Paris les instructions du Gouvernement, et M. Broni conservait pendant ce temps les fonctions d'intérimaire. Une dernière fois, et pour bien marquer toute l'importance qu'il voulait donner à sa personnalité, M. le Consul Dautremer fit insérer, de Haïphong où il avait appris la nomination de M. Beau, une nouvelle note informant la population tonkinoise qu'il rejoignait le nouveau Gouverneur général en France pour revenir avec lui comme chef de Cabinet.

Le procès intenté au journal vint en son temps, et le Tribunal condamna le gérant qui avait endossé les responsabilités. J'interjetai appel de ce jugement qui ne frappait pas l'auteur de l'article, mais la Cour ne put que confirmer le premier jugement, en augmentant toutefois l'amende, et en flétrissant « Sapiens » et ses œuvres (A. n° 51, page 57).

Au Kwang-Si, la situation était pire que jamais : piraterie, dans tout l'intérieur, famine, pillages sur les fleuves et les rivières, propagande des sociétés secrètes pour la révolution des deux Kwangs (A. n° 54, page 60), etc., etc. ; seules, les frontières restaient calmes. J'étais mécontent de ce qui venait de se passer avec le Consul Dautremer ; je continuais néanmoins à m'occuper de toutes les affaires comme par le passé, pour le bien des intérêts de la France ; d'ailleurs, M. Doire ne ressemblait en rien à son prédécesseur, et était le premier à me soutenir dans ma tâche.

Après la mort presque subite du Colonel Martin, qui fut si regretté de tous et de moi, en particulier, car le Colonel était un de mes amis intimes, le Colonel Gouttenègre avait pris sa succession et les territoires militaires, conformément aux règlements de police frontière, continuaient à correspondre directement avec le Maréchal (A. n° 55, page 60). La tranquillité était revenue à Pinh-Shiang, mais j'attendais cependant impatiemment le jour où je pourrais enfin me retirer du Kwang-Si, et quitter cette position intenable.

Dans toutes les lettres que j'avais écrites à Pékin, au sujet des incidents survenus pendant la gestion de M. Dautremer, j'avais insisté auprès du Ministre de France pour qu'une enquête fût ordonnée.

J'espérais que M. Beau ferait droit à ma réclamation, car il n'était pas sans connaître cet agent qu'il avait eu avec lui à la Légation, et les services que j'avais rendus en Chine. Notre Ministre, venant d'être nommé Gouverneur général, pouvait, à Paris, se concerter avec M. Doumer sur la politique suivie jusqu'à ce jour au Kwang-Si, et prendre des dispositions pour l'avenir ; j'attendais donc l'arrivée de M. Beau, au Tonkin, et celle, à Pékin, du nouveau Ministre, M. Dubail, pour avoir des nouvelles de mes réclamations contre le Consul Dautremer. M. Doire, qui connaissait fort bien ma situation et les engagements pris envers moi, devait m'informer de l'arrivée à Pékin de M. Dubail, dès que lui-même en serait avisé (A. n° 56, page 61).

Depuis qu'il était à Longtchéou, ce Consul n'avait pas été sans se rendre compte de l'importance des attaques dont j'étais l'objet, et des conséquences désastreuses de la conduite de M. Dautremer à Longtchéou et au Tonkin. Il jugeait en homme impartial, connaissant la valeur de toutes les accusations portées contre moi par son prédécesseur, et il s'attendait à être appelé à donner son avis dans l'enquête réclamée par moi.

D'un autre côté, je savais qu'il avait, lui-même, à se plaindre de son collègue qui, en lui faisant la remise du Consulat, à

l'hôtel de Hanoï, n'avait pas été d'une correction parfaite.
M. Doire avait, en toute confiance, accepté la gérance que
lui passait le titulaire en partance; il avait trouvé, en arrivant
à Longtchéou, un Consulat et une comptabilité en désordre.
Il n'y avait pas traces de la caisse des fonds d'avances faits
par l'Indo-Chine pour l'entretien de l'École Doumer. Le chancelier, interrogé, avait assuré que M. Dautremer s'en était
emparé et l'avait emportée, et le Consul n'avait pu qu'écrire
à son prédécesseur pour en avoir des nouvelles. M. Doire, à
ce moment, s'était trouvé dans l'alternative, ou de prévenir
le Gouvernement général pour obtenir de nouveaux fonds, ou
de faire l'avance des sommes nécessaires en attendant que
M. Dautremer répondît à sa lettre. Pour ménager son collègue, il avait préféré ne rien dire, mais il en avait été fort gêné
au début de sa gérance, et lui en tenait rigueur.

Pendant le temps qu'avait duré ce procès « Sapiens »
lequel m'avait valu de nombreux déplacements à Hanoï, le
Maréchal s'était trouvé dans une situation pénible devant les
progrès que faisait la rébellion, et seul pour y faire face, car
le Général Mâ avait été tué par les pirates qui avaient mis ses
troupes en déroute. Il m'avait alors confié le camp et était
parti vers les points de la province les plus agités. Il était
donc, depuis mon retour à Pinh-Shiang, constamment en campagne, travaillant de toutes ses forces à la répression, et la
frontière, encore une fois, se trouvait placée sous mes ordres
directs. J'avais, en partie, oublié tous les tracas que m'avait
procurés la présence de M. Dautremer à Longtchéou, lorsque,
je reçus, de Paris, une nouvelle qui vint brusquement me les
rappeler.

J'étais avisé que toutes les propositions pour la Croix, faites en ma faveur jusqu'ici, avaient été mises de côté, parce
que le Consul de Longtchéou, Dautremer, avait protesté télégraphiquement ; et que, en outre, il profitait de son séjour à
Paris, pour colporter dans les Ministères des Affaires étrangères et des Colonies, les pires calomnies sur mon compte et
sur celui du Maréchal Sou ; on me conseillait de voir M. Beau
dès son arrivée au Tonkin, et de provoquer une enquête
immédiate, car je ne pouvais rester sous les coups que me
portait ce Consul.

Ainsi, après avoir abusé de ses fonctions et de ses pouvoirs

pour me nuire en Chine et en Indo-Chine, le Consul Dautremer profitait de son titre de représentant de la France à
Longtchéou pour me faire perdre le bénéfice des propositions
faites par ses prédécesseurs, par les Gouverneurs généraux,
les amiraux, les autorités militaires, et de son voyage à Paris,
pour ruiner ma réputation.

Dès le reçu de cet avis, j'écrivis à M. Dubail pour l'informer des agissements de M. Dautremer en France, et pour
réitérer la demande d'enquête que je réclamais précédemment
à M. Beau, voulant une bonne fois mettre un terme aux
calomnies que le Consul colportait dans les milieux officiels.
A cette lettre, je joignis un dossier contenant la copie de tous
les documents authentiques que j'avais en ma possession,
prouvant au nouveau Ministre de France, non seulement ma
parfaite honorabilité, mais témoignant aussi des services que
j'avais rendus à ma patrie et que je continuais à rendre.

D'autre part, je priai le Commandant Levasseur, Chef du
bureau Militaire du Gouvernement général, de me prévenir
dès qu'il serait informé de l'arrivée de M. Beau. En même
temps, je lui demandai de s'assurer si la même fiche de renseignements faux, qu'avait envoyée le Consul Dautremer à
M. Broni et que M. Faure, chef de Cabinet de M. Doumer,
m'avait montrée lors de mon procès, était bien encore dans
mon dossier, au Cabinet du Gouverneur général ; car, non
seulement le Consul de Longtchéou avait envoyé la fiche au
journal de Hanoï, mais aussi, au Gouvernement général, au
Général en chef et aux Commandants des territoires militaires,
espérant me nuire dans l'esprit des autorités françaises qui
étaient aussi bien renseignées sur ma vie antérieure que l'était
le Consulat, depuis que M. Doumer avait ordonné une enquête
à son arrivée en Indo-Chine en 1897.

Par sa lettre du 14 octobre, le Commandant Levasseur
m'assura que la fiche de renseignements envoyée par M. Dautremer était encore au Gouvernement général et que, suivant
mon désir, il prierait le nouveau chef du bureau politique de
la montrer à M. Beau qui était arrivé à Saïgon (A., n° 57,
page 61).

Dans le courant de ce mois d'octobre, j'eus encore le cha-
grin de voir mourir M. Voisin, professeur de l'école fondée
par M. Doumer à Longtchéou, et chancelier du Consulat pendant la gestion Dautremer. Ce modeste fonctionnaire était,

lui aussi, en butte aux calomnies du Consul, qui l'accusait de trahir ses fonctions, en me communiquant ce qui se passait dans la province. Cependant, il n'avait agi ainsi que pour le bien de notre patrie commune et de nos compatriotes, lorsque M. Dautremer eut abandonné son poste dans une heure critique. M. Voisin fut profondément affecté des accusations que M. Dautremer portait contre lui ; il mourut deux mois après d'un anthrax.

La veille de sa mort, il était chez moi, où le Consul l'avait envoyé pour s'en débarrasser, ne se souciant pas de le voir mourir à Longtchéou. Ce Français énergique ne voulut pas me donner le spectacle de sa mort, et, de peur de m'encombrer de son cadavre, il eut le courage de se faire porter pendant toute une journée pour arriver à Langson, où il succomba le lendemain.

Le Colonel du premier territoire me télégraphia son décès, et je profitai de cette occasion malheureuse pour me rendre au Tonkin.

Le Maréchal, complètement démuni d'argent, car je refusais toujours de lui faire de nouvelles avances, avait pu contracter un nouvel emprunt avec Té-Tchang, négociant chinois de Longtchéou, afin d'acheter du riz pour ses troupes. Il avait demandé, par le Consulat, l'autorisation au Gouvernement général de faire, comme la première fois, ses achats au Tonkin et l'exonération des droits de sortie. Le Chinois Té-Tchang avait consenti l'emprunt à la condition que ses agents seuls fissent les achats en territoire français. Le Maréchal avait été obligé d'accepter, bien qu'il sût que ce Chinois le volerait, mais il avait tenu, quand même, à être renseigné sur les prix courants du riz, et m'avait chargé d'en vérifier les qualités, les poids, etc., et de m'entendre avec le Gouvernement général, pour les autorisations d'embarquement sur la ligne tonkinoise. J'avais donc pris mes dispositions, en partant du camp, pour rester quelque temps à Hanoï, après les obsèques du regretté Voisin, et je m'y trouvais depuis quelques jours, quand l'arrivée de M. Beau fut annoncée.

Huit jours après lui avoir adressé une demande d'audience, j'étais reçu par le nouveau Chef de notre Colonie.

Je l'entretins de la situation du Kwang-Si, de celle du Maréchal, de la mort du Général Mâ, survenue dans des circonstances assez tragiques, en un mot, de tout ce qui pouvait l'intéresser sur les frontières. M. Beau me remercia de tous mes renseignements. Il était heureux de constater, que, malgré tous ces troubles intérieurs, la frontière ne bougeait pas, et il espérait que le riz acheté par le Maréchal pour ses troupes et pour lequel il avait ordonné le dégrèvement des droits de sortie, suffirait pour maintenir les réguliers en bon ordre, durant la famine qui désolait le pays. Enfin, j'abordai la question que j'avais le plus à cœur, je lui parlai de M. Dautremer et de sa conduite vis-à-vis de moi au Kwang-Si. Je dis au Gouverneur général, que je n'avais nul besoin de lui répéter tout ce que je lui avais écrit au moment où se déroulaient les incidents à Longtchéou; qu'il devait avoir reçu mes lettres transmises par M. Réau, Consul de Hong-Kong; et que je n'avais, pour l'instant, à lui parler que des suites données au procès intenté contre « Sapiens », dont la fiche de renseignements faux était encore à mon dossier, et de l'avis reçu de Paris, m'éliminant de la liste du 14 juillet précédent.

Le nouveau Gouverneur général écouta très attentivement toutes mes doléances, me rassura sur l'avenir et me quitta en m'affirmant que tout s'arrangerait pour le mieux.

Son temps étant compté, car une affluence considérable de personnes venues de tous les points du globe pour l'exposition de Hanoï qui allait s'ouvrir, assiégeait le Gouvernement général, je ne pus revoir M. Beau avant mon départ pour le camp.

A Pinh-Shiang, la situation pendant mon absence était restée la même, toute la frontière était tranquille, mais, des lettres de mon chef m'apprenaient que l'Est de la province était plus que jamais troublé, que les routes fluviales et terrestres étaient tenues par les pirates, que plusieurs négociants et leurs bateaux avaient été faits prisonniers, et pris comme otages par les révoltés, qu'une sous-préfecture avait été enlevée par les pirates, que tout commerce était interrompu sur la rivière de Canton, et qu'enfin, ne pouvant faire tête à toutes les bandes éparpillées qui paraissaient de tous côtés, il en avait informé officiellement son gouvernement et demandé une augmentation de ses effectifs qui lui avait été accordée, et que les sommes nécessaires devaient lui parvenir par le Vice-Roi de Canton.

Dix jours après lui avoir annoncé mon retour de Hanoï, il m'expédiait son officier d'ordonnance pour m'entretenir du recrutement de ses bannières, et, surtout, d'un nouvel emprunt de 80.000 piastres qu'il désirait faire au Tonkin, pour lever des hommes en attendant qu'il reçût l'argent annoncé.

Pour éviter à l'avenir qu'il m'adressât de semblables demandes, je lui fis répondre par son officier nommé Ly-Si-Tchenn qu'il n'avait plus à compter sur le Tonkin ni sur moi, avant qu'il n'ait rendu ce qu'il devait déjà depuis plus de deux ans, que, puisqu'il ne pouvait régler ses arriérés qui se montaient à plus de 200.000 piastres, il n'avait qu'à attendre les fonds promis par son gouvernement pour commencer son recrutement ; que, pour le moment, je tenais la frontière tranquille avec les trois cents hommes qu'il m'avait laissés et qu'il n'avait rien à craindre de ce côté ; que les affaires de l'intérieur de la province ne regardaient que le Vice-Roi, lequel avait intérêt à les arranger rapidement ; enfin, je remis à son homme de confiance, et pour lui rafraîchir la mémoire, le détail des sommes qu'il me devait, y compris celle de 102.000 piastres de riz fourni en 1900-1901, sans cependant compter les intérêts de 1 0/0 par mois qu'il avait fixés.

Mon chef dut se contenter de cette réponse et attendre le bon vouloir de l'autorité supérieure pour avoir de nouveaux contingents.

Toute mon attention était en effet portée sur les frontières, et je faisais tout ce qui était en mon pouvoir pour en maintenir la tranquillité. Les Colonels m'aidaient considérablement et le nouveau Général en chef, M. Coronnat, nous en félicitait.

Dans le courant de décembre, j'avais été prévenu officiellement que le Gouvernement général m'enverrait une commission militaire pour la remonte de la cavalerie (A. n° 58, page 62). Cette lettre me demandait de faire connaître ma manière de voir sur la question des achats à faire dans ma région. Je continuais donc à rester en excellentes relations avec l'Indo-Chine depuis la prise de possession du poste de Gouverneur général par M. Beau. J'étais en droit d'espérer qu'elles continueraient à l'avenir.

Cette commission, composée du commandant Girardot, du lieutenant Sipière, du vétérinaire Camboulives, d'un maréchal des logis et de huit cavaliers, vint chez moi le 18 décembre, pour en repartir le 23, avec les chevaux que j'avais fait rassembler avant son passage, au moyen d'affiches et d'émissaires.

D'autre part, l'Exposition de Hanoï avait attiré une foule considérable de gens, des fonctionnaires de tous grades, des industriels, des commerçants, des exposants, des journalistes, etc. Un grand nombre de ceux, qui, de France, étaient venus au Tonkin prendre part aux travaux de cette exposition, avaient voulu profiter de l'occasion pour voir la Chine qu'ils ne connaissaient pas. Certains d'entre eux ne s'étaient pas contentés d'aller jusqu'à la frontière, ils avaient poussé jusqu'à Pinh-Shiang où ils savaient trouver un Français « si hospitalier ». Les uns se présentaient au nom du Gouverneur général, les autres, avec des cartes d'amis communs. Je me croyais ainsi, avec le nouveau Gouvernement en aussi bons rapports qu'au temps de M. Doumer, et avant l'apparition du Consul Dautremer au Kwang-Si.

Dans les visites nombreuses que j'avais reçues, plusieurs personnes m'avaient cependant fait entrevoir la politique que suivait M. Beau, vis-à-vis de tous ceux qui avaient été les collaborateurs actifs et dévoués de l'ancien Gouverneur.

Ces personnes, bien placées, avaient attiré mon attention sur certains faits auxquels je n'avais attaché, jusqu'alors, qu'une importance relative, celui, par exemple, de la nomination de M. Dautremer au poste de Longtchéou, trois mois après le départ de M. Doumer, fait que je rapprochais, malgré moi, de ceux que ces mêmes personnes me citaient.

De toutes ces visites, il ressortait une impression que le Gouverneur actuel, homme de M. Delcassé, venait « démolir » ce qu'avait fait M. Doumer. D'après un grand nombre de mes visiteurs, la présence de M. Boulloche, comme Secrétaire général, était significative.

Quoique mis ainsi en garde, je ne pouvais croire, en ce qui me concernait personnellement, qu'un homme comme M. Beau, se fît, de parti pris, le champion de son agent Dautremer, et marchât contre l'intérêt général, dans le seul but d'assouvir sa haine politique et celle de M. Delcassé, en me « démolissant », alors que j'avais été le premier à lui écrire, quand il était à Pékin, que j'étais prêt à me retirer du Kwang Si s'il y trouvait ma présence inutile ou nuisible aux intérêts de la France.

Ce qui me surprenait également, c'était d'entendre, dans presque toutes les bouches, cette expression « de démolir » qui m'avait frappé dès l'arrivée chez moi du Consul Dautremer. Pourtant, dans l'entrevue que j'avais eue avec le Gouverneur général le mois précédent, je n'avais senti percer aucune haine, aucun sentiment qui m'ait paru désagréable à mon endroit. Le mieux était donc d'attendre les événements.

Toutes ces visites, ces réceptions, doublées du séjour qu'avait fait ma femme à Hanoï après la naissance de notre enfant, enfin, les frais de toutes sortes faits depuis un an, avaient sensiblement réduit les ressources dont je disposais. Depuis l'apparition de l'article « Sapiens », en juin précédent, qui me reprochait de profiter de ma situation pour faire des affaires commerciales au Kwang-Si et au Tonkin, alors que je n'étais ni fonctionnaire, ni officier, et par conséquent dans le droit de me livrer au commerce, si bon me semblait, je n'avais plus voulu m'occuper d'opérations pour m'éviter à l'avenir les insinuations malveillantes.

J'étais donc assez gêné, et j'en écrivis au Maréchal, en le priant de me faire parvenir à son tour une vingtaine de mille piastres, sur ce qu'il me devait, pour mes besoins personnels, dès qu'il aurait reçu les fonds qu'il m'avait annoncés. Je pouvais croire à un bon mouvement de sa part, car je le savais bon et brave homme, et c'était la première fois que je lui réclamais de l'argent pour les besoins pressants de ma famille. Mais, j'eus beau employer les plus belles phrases, je ne reçus jamais rien, que de belles promesses. Je dus, en ce commencement d'année, me retourner par ailleurs pour avoir de quoi subvenir à mon existence. J'avais hâte de voir finir ces troubles pour m'expliquer une bonne foi avec le Maréchal et liquider avec lui.

Le 26 janvier, je recevais à Pinh-Shiang la visite de M. le Colonel de Grandprey, attaché militaire à Pékin et en Corée, qui ne m'avait pas été annoncée. Cet officier supérieur avait passé tranquillement la frontière, et était à la porte du camp sans que je me doutasse de sa présence. Ce fut dans la soirée, seulement, que je reçus l'avis de son départ de Hanoï pour le Kwang-Si.

Le séjour que fit M. de Grandprey au camp de Pinh-Shiang l'enchanta, j'étais moi-même très heureux de pouvoir fournir à un homme aussi compétent des renseignements détaillés sur tout ce qu'il me demandait, sur ce qu'il voyait et sur ce qui l'intéressait si vivement ; car, il était à même d'établir des comparaisons entre ce qu'il avait sous les yeux et ce qu'il remarquait dans les parties de la Chine qu'il parcourait.

Je sus, par la suite, qu'il donna, à Paris, des appréciations sur l'importance de mes services et de ma situation au Kwang-Si, et qu'il fit part, en haut lieu, des impressions qu'il emporta de cette rencontre (M. de Grandprey, dans son rapport du 18 février 1903, adressé aux Ministères des Affaires Étrangères et de la Guerre, préconisait l'envoi à mon camp d'officiers qui « *auraient plus à apprendre chez moi qu'en Corée* »).

Pendant les mois de février et de mars qui suivirent, la situation ne changea pas, j'employais le peu d'hommes que j'avais, à réparer les routes qui, pendant la saison du crachin, s'abîmaient très vite. M. Doire, Consul intérimaire, passait chez moi quelques jours chaque fois qu'il allait ou revenait du Tonkin, il me causait des affaires de la province et de la frontière, me communiquait ses renseignements contre ceux que je lui donnais ; nous nous entendions parfaitement et espérions, l'un et l'autre, rester longtemps voisins, lorsque, fin mars, nous fûmes avisés du retour de M. Dautremer.

Le 1er avril, ce Consul ralliait Longtchéou, et le 5, il en repartait avec M. Doire pour le Tonkin, confiant le Consulat à la garde du Dr Pelofi.

Avec quelles idées pouvait bien revenir ce Consul ?

Était-il, cette fois, animé d'intentions hostiles ou pacifiques ?

Pourquoi le Ministère ne faisait-il pas droit à la demande d'enquête que je réclamais à cor et à cri ?

Telles étaient les questions que je me posais, quand j'appris, du Tonkin, que M. Dautremer revenait cette fois pour m'expulser du Kwang-Si par ordre ministériel.

C'en était trop, et je ne pouvais supporter plus longtemps un pareil affront.

Ne pouvant rencontrer le Gouverneur général qui était absent de Hanoï, je télégraphiai, le 15, à Nanning où se trouvait le Maréchal, de revenir immédiatement au camp pour causer sérieusement de la situation, et régler nos comptes.

Trois jours après, mon chef, me répondait qu'il était rappelé à Pékin, et se disposait à partir pour la capitale.

A ce moment seulement, je vis clair dans la politique de M. Beau. Ce que mes amis m'avaient annoncé se dessinait, aussi bien au Tonkin qu'au Kwang-Si : la haine politique se donnait libre cours.

Au Tonkin, les fonctionnaires, qui n'avaient pour tort que celui d'avoir servi fidèlement le prédécesseur, M. Doumer, étaient déplacés ou renvoyés en congé en France.

Au Kwang-Si, c'était le tour du Maréchal et le mien, sans doute, à bref délai, car, cette fois, je présumais que le Maréchal partait définitivement, et à l'instigation du Gouverneur général M. Beau.

Qu'avait-il donc à reprocher à mon chef qu'il n'avait jamais vu, de qui il n'avait pas reçu deux correspondances, si ce n'était l'amitié qu'il professait ouvertement pour M. Doumer et ses collaborateurs ?

Cette constatation me fut pénible, mais il fallait me rendre à l'évidence.

Le 15 avril, j'informai M. Dubail à Pékin des nouveaux agissements de son Consul au Tonkin, et de mon intention de l'attaquer en Cour d'assises, pour avoir fabriqué et livré un faux dans la fiche de renseignements adressée par lui au journal de Hanoï, puisque le Ministère ne voulait tenir aucun compte des plaintes que je lui adressais depuis plus d'un an.

Sur ces entrefaites, M. Dautremer, qui avait passé quinze jours à Hanoï, revenait à Longtchéou, et, peu de jours après, j'apprenais, par les officiers chinois, qu'il faisait courir le bruit que j'étais l'auteur du rappel du Maréchal. Il voulait ainsi détourner le courant hostile qui se dirigeait vers lui, ce rappel coïncidant avec son retour à Longtchéou qu'il avait quitté la première fois, après avoir annoncé aux autorités civiles qu'il ne rentrait en France que pour « démolir » plus facilement mon chef.

A nouveau, j'écrivis, le 24 avril, à Pékin, pour informer notre Ministre de la conduite de son agent et pour lui dire que, s'il arrivait à ma famille ou à moi, un accident quelconque après le départ du Maréchal, j'en rendais responsable le Gouvernement français représenté à Longtchéou par le Consul Dautremer, dont les agissements m'exposaient à la vengeance des Chinois.

Je n'avais pas à compter sur le Gouverneur général que je savais être, — par mes amis, — le protecteur de M. Dautremer, et par conséquent mon antagoniste, c'était d'ailleurs à sa demande que ce Consul était revenu à Longtchéou.

Quelques jours après, on me réveillait dans la nuit pour me remettre un télégramme du Maréchal me suppliant de lui trouver 50.000 taëls pour monter à Pékin. Le lendemain, 27 avril, un autre télégramme m'annonçait son départ de Nanning et m'invitait à l'accompagner dans le Nord.

Ainsi, mon chef partait sans que j'aie pu le revoir, et me laissait la frontière sans avoir réglé avec moi aucune affaire, depuis six mois que je ne l'avais rencontré, et au moment où se manifestait l'hostilité de celui qui me devait aide et protection, comme citoyen français.

Le départ du Maréchal coïncidait avec la nomination du nouveau Gouverneur de la province, Wang-Tche-Tchouen, qui avait promis à la Cour de réprimer la rébellion du Kwang-Si. Le Gouvernement chinois n'avait nommé ce mandarin à ce poste, *que parce qu'il s'était trouvé en relations avec M. Beau lors de son passage à la Légation de France*, et qu'il ne pouvait que rester en bons termes avec le Gouverneur général de l'Indo-Chine qui devenait son voisin sur les frontières.

Le Maréchal n'eut pas plutôt quitté son commandement, que toute son armée fut désorganisée. Un général Ouang, parent du gouverneur nouvellement nommé, était désigné pour faire l'intérim de généralissime, lequel avait chargé un des colonels de Sou de la surveillance de la frontière, en attendant que le successeur du Maréchal fût officiellement connu.

Dès que ce colonel Ouang-Fenn-Tong vint au camp, je voulus lui remettre entre les mains toutes les affaires, désirant me débarrasser de toute responsabilité en voyant la tournure que prenaient les événements, et abandonner le Kwang-

Si. Mais, cet officier, terrorisé par le départ de son chef et par les changements rapides qui s'opéraient sur les ordres du Vice-Roi de Canton, et craignant pour lui-même, me supplia de rester encore au camp et de l'assister dans l'administration de la frontière que je connaissais et qu'il ignorait. « Votre présence, seule, me disait-il, suffit pour maintenir la tranquillité ; de grâce, né partez pas, le Maréchal peut revenir encore, si M. Doumer intervient directement à Paris. »

Le nom de M. Doumer, dans la bouche de ce mandarin, me rappela subitement les engagements et les promesses de l'ancien Gouverneur général ; je consentis à demeurer jusqu'à nouvel ordre.

Mais, M. Dautremer ne restait pas sans poursuivre le but qu'il s'était proposé en arrivant au Kwang-Si ; il avait réussi à faire partir le Maréchal, il lui fallait maintenant se débarrasser de l'Ingénieur-Conseil, sans cependant dévoiler par trop les manœuvres consulaires.

Bien que le Maréchal fût en route pour Pékin, je n'avais pas l'air de vouloir me retirer, et le Consul s'en trouvait très surpris, sachant que je ne conservais plus aucune attribution, mais ignorant, cependant, le motif qui me faisait rester à Pinh-Shiang ; or, il imagina, qu'en isolant le Français et sa famille, dont il était administrativement le protecteur, et en les privant de toute sécurité et de toute relation, ils finiraient bien par abandonner la place, et par le laisser seul maître de la situation. Aussi, huit jours après, les deux bataillons du camp étaient-ils supprimés et les réguliers dirigés sur Longtchéou pour y être désarmés. Le camp restait vide, seulement, je conservais avec moi vingt-cinq hommes de garde à ma solde.

Cette manœuvre resta sans résultat appréciable pour lui. La population fut inquiète quelque temps de ce départ de troupe, le Colonel Ouang n'osait même plus sortir du camp de Long-Kong-Tiap où il était allé s'établir et se demandait ce qui allait arriver, connaissant les événements qui se passaient dans l'intérieur de la province d'où il venait. Rien d'anormal ne se produisit, ma présence et mon sang-froid suffisaient, ainsi que cet officier me l'avait dit, à maintenir la population en paix.

Décidément, il fallait à M. Dautremer qui n'entendait point parler de préparatifs de départ du « sieur Bertrand », trouver un autre moyen qui, cette fois, en m'exaspérant, m'entraînerait à commettre un acte qui justifierait un arrêté d'expulsion préparé au Consulat contre son compatriote.

A cet effet, il recommença ses voyages au Tonkin, où il continua ce qu'il avait commencé si bien ; il fit répandre et répandit lui-même les plus basses calomnies sur moi et ma femme, nous diffamant sans crainte et paraissant être sûr de l'impunité ; il raconta, à tous ceux qui voulurent l'entendre, qu'il venait se réfugier en Indo-Chine par crainte que je ne le fassé assassiner, et qu'il louerait incessamment une maison à Langson pour n'avoir point à retourner à Longtchéou, tant que je serais au Kwang-Si.

A un de ses voyages à Hanoï, le Consul alla même jusqu'à libeller dans ce sens un télégramme au département des Affaires étrangères, qu'il désirait expédier sous le couvert du Gouverneur général, mais ce dernier, prévenu à temps par M. Hardouin, son chef de cabinet, refusa d'y apposer sa signature.

En outre, dans une des rares apparitions à son poste, il donna *l'ordre* à tous les résidents français de n'avoir aucune relation avec moi et ma famille, sous peine d'être menacés de ses foudres consulaires. Les quelques invités qu'il fit venir une fois au Consulat, MM. R..., publiciste, N... du Gouvernement général et R..., dont deux étaient de mes amis, ne purent obtenir d'escorte à Longtchéou qu'à la condition qu'ils ne s'arrêteraient pas au camp de Pinh-Shiang. Une fois partis, cependant, ces trois personnes vinrent passer deux jours chez moi et me firent part de leur mépris pour celui qu'ils ne connaissaient pas auparavant, qui, au Consulat, proférait les plus indignes calomnies à l'adresse de la seule famille française qui, depuis des années, vivait isolée au Kwang-Si, et qu'il voulait isoler plus encore par ses agissements misérables (*Revue Indo-Chinoise*, juin 1903).

Ce dernier moyen employé par le Consul de France ne lui réussit pas plus que les précédents. La présence de ma femme et de mon enfant de huit mois dans ce pays où je les sentais plus que jamais seuls, suffit pour m'enlever toute velléité de me rendre à Hanoï demander compte à M. Dautremer de ses calomnies. Coûte que coûte, je voulais rester au Kwang-Si jusqu'à ce que je connusse le sort réservé au Maréchal.

Pendant les absences du Consul Dautremer, le Consulat était gardé par le Dr Pelofi qui faisait fonctions de chancelier depuis la mort de M. Voisin. Les autorités civiles de la province avaient fini par se décider à faire quelque chose pour le pays où les habitants mouraient de faim et dont les cadavres suivaient le fil de l'eau. Dans les provinces avoisinantes, des quêtes avaient été organisées en faveur des sinistrés du Kwang-Si, et le gouverneur Wang-Tche-Tchouen s'était adressé à son ami M. Beau pour obtenir l'autorisation d'acheter au Tonkin, avec l'argent des âmes charitables, le riz dont il avait besoin. Les autorités de Longtchéou avaient été désignées pour recevoir ce riz et pour en verser le montant entre les mains du Consul de France. Il avait été préalablement convenu, entre le Gouverneur chinois et le Gouverneur français, que la livraison du riz se ferait par l'entremise du Consul, et au Consulat même.

M. Dautremer recevait l'argent des Chinois et l'envoyait à Hanoï à la maison G..., que le Consul avait choisie comme fournisseur en cette occasion.

Sur ces entrefaites, M. le Consul de Longtchéou était avisé, par l'évêque de Nanning, que l'école congréganiste des Pères Maristes étant terminée, il serait particulièrement heureux d'en faire l'inauguration sous le patronage de M. Dautremer qu'il savait si pieux et si dévoué aux intérêts des missions françaises.

Avant d'entreprendre ce déplacement, il tint à se rendre à Hanoï afin d'avoir au moins une lettre de présentation de M. Beau pour l'ami Wang-Tche-Tchouen en résidence officielle à Nanning, et huit jours après, le 25 mai, le Consul, accompagné de M. R..., publiciste, qu'il ramena intentionnellement pour la durée de son futur voyage, quitta le port de Longtchéou pour Nanning.

En s'embarquant, M. Dautremer reçut de Pékin un télégramme de M. Dubail, qu'il s'empressa de mettre de côté, sans vouloir en prendre connaissance, craignant, disait-il, d'y trouver un contre-ordre qui pouvait déranger son excursion.

Sous une importante escorte donnée par le Tao-Taï qui ne pouvait qu'être reconnaissant au Consul, du départ de l'ennemi commun, le Maréchal, la jonque consulaire arriva à Nanning.

La réception préparée par l'évêque fut grandiose, des discours furent prononcés en cette occasion unique. Le Consul plaça l'école sous l'égide de la France, parla de la haute protection de la France pour les missions catholiques, etc.

Mais, entre temps, et durant les huit jours qu'il lui avait fallu pour franchir la distance de Longtchéou à Nanning, un fait important s'était produit à son Consulat.

Il était parti le 25 mai, avant que la première livraison du riz pour laquelle il avait reçu l'argent, ne fût faite aux Chinois; il s'était désintéressé de cette question. Or, le riz était arrivé au Consulat et les mandarins, après avoir pris conseil du Dʳ Pelofi, avaient refusé d'en accepter la livraison, car, les sacs contenaient un tiers de résidus et de sable.

Tout autre que M. Dautremer, mis au courant par le docteur, aurait eu à cœur de revenir aussitôt à Longtchéou s'assurer du fait, et mettre un terme aux malversations des vendeurs, mais ce Consul n'en fit rien.

Pour échapper encore à ces nouvelles responsabilités, il se rembarqua pour Canton en laissant à l'évêque de Nanning, avec le soin de l'envoyer et de l'expédier après son départ, un télégramme informant Pékin du nouveau voyage qu'il entreprenait et qui allait durer un mois. Dans ce télégramme, il donnait comme prétexte, qu'il avait à remettre, en mains propres, la lettre officielle de M. Beau au Gouverneur Wang-Tche-Tchouen qui se trouvait alors à Wu-Tchéou-Fou et non à Nanning.

A son arrivée à Wu-Tchéou-Fou, vu l'importance de la mission dont le Gouverneur général l'avait chargé, le Consul descendit, seul, faire visite au gouverneur Wang-Tche-Tchouen.

Or, au moment où il remettait à Wang la lettre officielle où M. Beau, en lui présentant tous ses compliments, l'assurait de toute sa sollicitude pour ses achats de riz dont ses administrés avaient si grand besoin dans un pareil moment de famine, et dont son Consul s'occupait si activement à Longtchéou, le Gouverneur chinois recevait la plainte que les mandarins lui adressaient de Longtchéou, au sujet de la mauvaise qualité de la fourniture de riz du Tonkin.

La conversation fut donc fort réservée, surtout du côté de Wang-The-Tchouen.

A Wu-Tchéou-Fou, le Consul laissa sa jonque pour s'embarquer avec M. R... sur le steamer faisant le service entre ce port et Canton, où ils arrivèrent le 15 juin.

Pour faire honneur à son collègue, de passage à Canton, M. Doire avait invité toute la petite colonie de Sha-Men, soit une vingtaine de personnes, à dîner, au Consulat. Parmi les Français, se trouvait M. Cl... Ll..., ami d'enfance de M. Loubet, notre Président, dont M. Doire avait entretenu M. Dautremer.

Cette réunion, brillante et animée au début, se termina par un scandale que fit le Consul de Longtchéou, dont la tenue pendant cette soirée, avait déjà frappé tous les invités.

M. Dautremer avait lui-même amené la conversation sur le terrain politique et fait, selon son habitude, des allusions désobligeantes sur nos gouvernants, voire même sur la personnalité du Président, que M. Cl... avait péniblement laissé passer. Mais, à un moment, les attaques furent si directes que l'ami de M. Loubet crut devoir protester ; alors, M. Dautremer proféra, devant les vingt personnes réunies, les pires insultes à l'adresse du Président de la République qu'il traita, notamment, de « vieil imbécile, de crétin et d'idiot », disant qu'il avait été choisi comme Président « parce qu'on n'avait pas trouvé plus bête que lui. »

Cette fois, la mesure était à son comble ; M. Cl... L... s'emporta, M. Doire était perplexe, car il n'avait que le titre de Vice-Consul et Dautremer était Consul ; les invités ne savaient quelle contenance tenir ; seul, M. R..., fort intelligemment, s'interposa et sauva la situation.

Le lendemain, M. Cl... donnait connaissance à M. Doire d'une lettre qu'il envoyait à M. Loubet lui apprenant la conduite de celui qui représentait la République à Longtchéou. Le jour même, cette lettre partait pour Paris, et M. Dautremer quittait le Consulat de Canton.

Il ne s'attarda pas à Hong-Kong et à Hanoï, d'où il repartit le 24 juin, et arriva le même jour à Lang-Son. Mais en passant à Hanoï, le Consul apprit que l'histoire du riz se compliquait, qu'une enquête allait être faite par le Gouvernement général, à qui les Chinois s'étaient plaints. Cette affaire prenant mauvaise tournure, il voulut encore s'y soustraire.

Télégraphiquement, M. Dautremer demanda, d'urgence à M. Dubail, l'autorisation de rentrer en France pour cause de maladie. Il n'y avait pas trois mois qu'il était de retour, il ne pouvait, comme la première fois, invoquer des affaires de famille.

Le 28 juin, un télégramme de Pékin lui donnait l'ordre de rentrer à Longtchéou et de rester à son poste.

Il n'en fit rien, l'affaire du riz l'inquiétait. Le jour même, il se rendit au poste militaire de Dong-Dang, situé à quatorze kilomètres de Lang-Son, pour prier un jeune docteur de lui délivrer un certificat constatant qu'il était atteint d'une maladie de foie nécessitant sa rentrée immédiate en France. Pourvu de cette pièce, il revint à Lang-Son où, cependant, un hôpital dirigé par des docteurs expérimentés fonctionne depuis plus de dix ans, et télégraphia de nouveau à son Ministre.

Sur ces entrefaites, arrivait à Lang-Son même, la commission gouvernementale chargée d'inspecter le riz acheté par M. Dautrémer. M. Hardouin, Chef de cabinet de M. Beau, venait en personne s'assurer de la qualité, et se transportait le 5 juillet à Na-Cham, lieu d'embarquement des sacs pour Longtchéou.

Cette visite, sur laquelle ne comptait pas M. Dautremer, le gênait considérablement, car il se trouvait être sur le passage de M. Hardouin, qu'allait-il faire pour l'éviter ?

Il s'enferma dans une auberge où il descendait, à Lang-Son, et y resta jusqu'à ce que la commission fût repartie pour Hanoï.

Le lendemain, il remettait au Dr Pelofi, chancelier, la gérance du Consulat, et l'avertissait qu'il rentrait en France, par l'Amérique.

A ce second séjour, le Consul avait passé exactement vingt-quatre jours à son Consulat, sur quatre vingt-dix-sept jours de gérance; il était arrivé à Longtchéou le 1er avril et se sauvait le 7 juillet.

M. Hardouin, après s'être assuré, *de visu*, de la qualité du riz destiné aux affamés du Kwang-Si, refusa, non seulement celui qui était embarqué sur les bateaux à Na-Cham, mais encore huit wagons qui se trouvaient en gare Dong-Dang-Lang-Son.

M. Dautremer abandonnant son poste pour la seconde fois, il était à prévoir qu'il n'y reviendrait jamais ; muni du certificat médical, il prit le chemin des écoliers pour rentrer en

France. Il avait fait connaissance, à Hanoï, d'un joyeux compagnon et était parti avec lui pour l'Amérique ; mais, à son arrivée à Paris, il trouva, cette fois, autre chose que les félicitations qu'il avait reçues à sa première rentrée de Longtchéou.

M. Cl..., après le scandale de Canton, n'avait pas été sans faire connaître à M. Hardouin, avec qui il était lié, la conduite du Consul Dautremer, et sans l'avoir avisé de sa lettre au Président de la République. M. Beau, qui soutenait M. Dautremer, avait fait écrire à M. Cl... de revenir sur les termes de sa lettre au Président pour atténuer, si possible, la punition que son agent avait encourue. Une enquête avait été télégraphiquement ordonnée par M. Delcassé, au Consul de Canton, lequel n'avait pu que confirmer la conduite dénoncée par l'ami de M. Loubet.

M. Dautremer arrivait à Paris au moment où le Ministère recevait la réponse de M. Doire et le rapport du Ministre de Pékin qui se plaignait de l'abandon du poste de Longtchéou par son agent, malgré ses ordres. Dans ces conditions, le Consul Dautremer ne pouvait ne pas être blâmé.

Cependant, je restais à Pinh-Shiang avec ma famille, toujours préoccupé de la frontière, en attendant des nouvelles du Maréchal. J'avais toujours vingt-cinq hommes de garde à ma solde ; le camp était abandonné et le Colonel Oang habitait à plus d'une demi-journée de chez moi.

Je savais mon ancien chef arrivé à Pékin, et j'étais anxieux de connaître ce dont l'accusaient la Cour Impériale et ses ennemis, avant d'écrire à M. Doumer, comme me le demandaient tous les amis du Maréchal.

Le Général intérimaire était à Nanning, et je n'entendais parler de lui que par les massacres qu'il commettait dans la région ; il ne s'en prenait pas aux pirates qui pullulaient et qu'il ne pouvait atteindre, mais aux réguliers qu'il accusait de faire cause commune avec eux. Déjà, deux officiers du Maréchal et une partie de leur compagnie, avaient eu la tête tranchée, parce qu'ils n'avaient pu déloger une bande qui opérait non loin de Nanning. A Longtchéou, sous prétexte d'enrôler des soldats qui avaient été licenciés quelque temps auparavant, il les avait fait rechercher puis réunir dans un Yamenn, pour, soi-disant, les rengager et leur donner un nouvel équipement, et là, après avoir fait barricader les portes, les avait fait massacrer. Un monceau de têtes avait été exposé le jour suivant et photographié par les Européens de Longtchéou.

Ces exécutions et cette tuerie n'étaient point faites pour apaiser la rébellion qui, de ce jour, s'accrut et prit un caractère de violence indicible. A part les quelques hommes qui entouraient le général p. i., l'armée était débandée et n'existait plus, les pirates et les révolutionnaires avaient beau jeu. Les mandarins civils, incapables de réagir sans l'armée, et voulant se mettre le plus possible à couvert vis-à-vis de leurs chefs, lançaient à la Cour des rapports foudroyants contre le Maréchal Sou, prisonnier, l'accusant, ainsi que ses réguliers, d'avoir toujours soutenu la piraterie au lieu de la réprimer au début, de n'avoir jamais payé ses troupes qu'il avait habituées à commettre toutes sortes d'exactions ; qu'il était l'homme vendu aux Français dont il touchait mensuellement des appointements élevés pour leur livrer le Kwang-Si comme il leur avait déjà vendu Kwang-Tchéou-Wang, etc, etc. Enfin, le Vice-Roi de Canton, et le Gouverneur Wang-Tche-Tchouen, amis de M. Beau, étaient venus, à leur tour, lui porter le coup de grâce en l'accusant ouvertement à la Cour impériale.

Fin juillet, l'ami de la France était donc incarcéré et attendait le résultat de l'enquête ordonnée par la Cour. Je ne pouvais, pour l'instant, faire quoi que ce soit pour l'aider à sortir de là, j'attendis à Pinh-Shiang où je pouvais, mieux que partout ailleurs, connaître par les amis du Maréchal la marche de l'enquête, et choisir plus sûrement l'occasion propice pour agir.

D'autre part, je pris mes dispositions pour que le Ministre à Pékin sût à quoi s'en tenir sur toutes les sommes qui m'étaient dues au Kwang-Si, au départ du Maréchal, et le 6 août, j'adressai à M. Dubail, par le Consulat de Longtchéou, ma demande en règlement de compte avec le Gouvernement chinois et son représentant le Maréchal Sou, ne sachant ce qu'il pouvait advenir de l'enquête faite par ses ennemis.

A cette époque passaient chez moi plusieurs de mes compatriotes. L'un, M. R..., agent des Travaux publics préposé à la garde des deux immeubles Fives-Lille, à Longtchéou, avait été témoin des agissements de M. Dautremer pendant son séjour au Consulat. Ce brave homme avait été, comme la majeure partie des Français qui me connaissaient, outré de la conduite du Consul à mon égard ; aussi, avait-il manifesté une vive satisfaction en apprenant la fin de l'aventure. Or, dans la conversation qu'il eut chez moi, j'avais remarqué certaines réticences quand il m'avait parlé d'une question de piastres « empochées », et, bien que j'eusse insisté, il n'avait pas voulu en dire davantage sous prétexte que c'était encore « une canaillerie de M. Dautremer ».

Dès lors, j'avais résolu d'éclaircir cette affaire, quand je reçus la visite d'un second compatriote, le Père de Long-tchéou. Ce missionnaire, à qui j'avais rendu quelques services, était assez lié avec moi pour me parler à cœur ouvert. Il me confirma tout ce que m'avait appris M. R... et m'éclaira sur cette histoire d'argent que j'avais, aux dires du Consul, « empôché » sur les 200.000 piastres versées par le Colonel de Joux au Maréchal Sou.

Le Père C... me conseilla d'aller au Tonkin où j'apprendrais, sûrement, me disait-il, tous les bruits répandus à dessein sur mon compte par M. Dautremer. Je profitai du séjour de mon beau-frère et de sa femme à Pinh-Shiang pour leur laisser la garde de ma famille et me mettre en route.

M. Dautremer n'avait pas plutôt quitté la Chine et l'Indo-Chine, que les excellentes langues tonkinoises s'étaient déliées, et marchaient bon train ; le scandale de Canton et l'histoire du riz mélangé de sable faisaient le tour de la Colonie. En arrivant à Hanoï, il me fut donc facile de les entendre et de recueillir les faits que j'ignorais encore. Jusqu'ici, j'avais mis sur le compte du caractère d'abord et sur celui d'une obéissance passive aux ordres de M. Beau aveuglé par sa haine pour M. Doumer, la conduite de ce Consul envers le Maréchal et moi, mais je fus bien obligé de reconnaître que M. Dautremer est un homme qu'aucune infamie n'arrête, quand il se sent soutenu et sûr de l'impunité.

Il racontait à Hanoï que, « non content d'accaparer l'argent que l'Indo-Chine donnait tous les mois au Maréchal Sou (?) je recevais une solde du Général Dodds sur les fonds secrets militaires pour les renseignements faux que je fournissais à son état-major. » M. N... m'apprenait en outre, que M. Beau avait eu de lui une note dans ce sens, et l'avait fait mettre à mon dossier, après s'être contenté de dire « qu'il s'en était toujours douté ». C'était une accusation de plus contre moi, donc elle devait être juste aux yeux de M. Beau.

Or, il est avéré, que les fonds secrets dont dispose le Général en chef, ne s'élèvent pas à plus de 700 francs par an depuis longtemps, et que, jamais, il ne m'a été versé un centime par l'État-Major de l'Indo-Chine.

En racontant à M. Beau et à tous les agents du Gouvernement général que j'accaparais l'argent remis au Maréchal, le Consul avait la prétention d'en voir les preuves dans ce fait, « que l'on m'avait vu maintes fois, à Lang-Son, surveillant des transportants de piastres. »

Lang-Son était la ville préférée de M. Dautremer.

Tous les Consuls, jusqu'à son arrivée, descendaient à la résidence du Colonel, commandant le territoire, étant donné leur situation, mais M. Dautremer ne sympathisait pas avec les officiers.

Comme à Hanoï, Dautremer était loin et en passe d'être révoqué ainsi que le bruit en courait, depuis que l'on connaissait ses insultes au Président de la République ; le Consul était parti sans payer une note de transport de bagages de 500 et quelques piastres à ses anciens amis. J'appris ce que je voulus.

Or, des renseignements que je recueillis sur place, il ressort que, sur les demandes du Consul Dautremer, les agents des transports militaires lui avaient raconté que j'apportais fréquemment de Chine des caisses de piastres, que j'en transportais même jusqu'à Hanoï, que j'en laissais quelquefois à Lang-Son, qu'il devait bien y en avoir pas mal pour moi « dans le tas », que, d'ailleurs, j'en prêtais à l'occasion, etc., etc..

De là, à conclure que « j'accaparais » l'argent de l'Indo-Chine et du Maréchal, M. Dautremer hésita d'autant moins qu'il y trouvait la satisfaction de sa haine.

Déjà, à son premier séjour, l'année précédente, il avait fait une enquête à ce sujet, et était parti avec les premiers renseignements recueillis à droite et à gauche ; mais, à son dernier passage de trois mois à Longtchéou, il avait cherché à avoir au moins quelques preuves de ces transports et arrivées fréquents d'argent au Tonkin, et ses demandes réitérées auprès de ses compagnons d'auberge s'étaient faites plus pressantes. Il avait appris que j'avais prêté quelques milliers de piastres à M. G...; entrepreneur des transports militaires. C'était pour ce Consul une preuve suffisante pour m'accuser de vols auprès d'un gouvernement qui ne demandait, sans doute, que cela pour se débarrasser de moi et de mes réclamations qu'il prévoyait, après avoir demandé le rappel du Maréchal.

Il est en effet certain, que j'ai transporté un poids considérable d'argent, aussi bien du Tonkin en Chine que de Chine au Tonkin, mais le Consul Dautremer ne parlait pas des caisses d'argent qui venaient de Hanoï, il voulait surtout faire connaître le nombre de caisses d'argent que j'apportais du Kwang-Si. Or, non seulement j'ai fait porter de l'argent m'appartenant en propre, mais encore, j'en ai fait convoyer pour bien d'autres, aussi bien pour le Maréchal que pour le Général Mâ, pour les mandarins, pour les commerçants, pour la Compagnie de Fives-Lille, pour la Compagnie Daurelle, et pour le Consulat même, car, sur la frontière, j'étais seul en état de fournir des escortes sûres. Dans l'espace de six années, j'ai bien transporté à Lang-Son et à Hanoï, plus de 3 millions de francs. Quand les prêts sur récoltes, en Chine, rentraient, j'avais à faire porter au Tonkin, chaque année, des sommes variant entre 50.000 et 60.000 piastres, et M. Dautremer n'ignorait pas cela, puisque dans nos premières conversations d'arrivée, il était décidé à me *confier de l'argent pour le faire fructifier*, et qu'il m'avait « dénoncé » dans son article « Sapiens » comme marchand de badiane. M. Dautremer n'ignorait pas non plus les ennuis que m'avait procurés le transport des 100.000 francs versés par la Chine à la famille du Père Mazel, assassiné à Seïn-Linn. Cette somme était en morceaux d'argent, dans des caisses à peine fermées, et je dus demander à Lang-Son, au Colonel, une escorte de soldats français pour surveiller les caisses que je transportais, par chemin de fer, d'abord, puis par bateau de Phu-Lang-Thuong à la banque de l'Indo-Chine à Haïphong.

Toutes les autorités civiles et militaires du Tonkin et de Longtchéou savaient, avant l'arrivée de M. Dautremer, à quoi s'en tenir sur mon honnêteté, sur ma moralité, et sur ma loyauté; depuis six ans qu'elles me suivaient, elles m'avaient donné des preuves incontestables de confiance et d'estime, et MM. Beau et Dautremer n'avaient pas mis trois mois pour me considérer comme un malhonnête homme !

Muni de tous ces renseignements, je vis le Colonel Goutte-nègre, à Lang-Son, qui avait fort à se plaindre du Consul Dautremer, et qui déplorait sa conduite dans la ville frontière qu'il administrait, et je rentrai chez moi.

A Pinh-Shiang, les amis du Maréchal qui avaient reçu de très mauvaises nouvelles de Pékin m'attendaient.

Notre ancien Chef venait d'être dégradé et mis en cellule pour passer à la question ; c'était le moment d'agir en France. Je télégraphiai aussitôt à Paris à M. Doumer pour qu'il intervînt directement auprès du Gouvernement français afin de sauver le Maréchal, puis au Général Dodds, ami particulier de Sou, pour qu'il secondât, si possible, l'ancien Gouverneur général, à Paris. Au Tonkin, je fis part à M. Hardouin de ces nouvelles, quoique sachant fort bien que le Maréchal ne devait son rappel, et toutes les souffrances qui l'accablaient qu'à M. Beau, notre Gouverneur général.

Sur ces entrefaites, le Dr Pelofi, gérant du Consulat et Mme Pelofi passèrent à Pinh-Shiang et descendirent chez moi. Pendant les deux journées qu'ils y restèrent, il ne fut question que des méfaits de l'ancien Consul et de sa conduite à l'égard de tous. Le docteur, voyant que pendant mon dernier séjour au Tonkin, j'avais été très renseigné sur les manœuvres de M. Dautremer, et particulièrement sur les histoires de piastres transportées à Lang-Son, en parlait ouvertement devant ma femme qui n'était pas encore au courant de cette affaire d'argent soulevée par le « bras droit de M. Beau ». Le docteur nous apprit que le Consul n'était revenu à Long-tchéou que pour faire une enquête complète sur les transports des piastres qu'il avait dénoncés au Ministère de Paris, à sa première rentrée, m'accusant de m'être approprié les sommes que l'Indo-Chine avait versées au Maréchal. Ma femme eut alors une crise nerveuse inquiétante, qui devait avoir pour elle des suites graves, comme je le dirai plus loin.

Le Dr Pelofi s'évertuait à savoir ce que j'avais bien pu faire à M. Dautremer, pour qu'il me poursuivît ainsi de sa haine. « Cet homme, me disait-il, est un malade, je l'assure, car je l'ai étudié de très près ; c'est un excité qui veut tout renverser, j'ai trouvé dans son tiroir de bureau la minute d'une let-

tre qu'il envoyait au Gouvernement général de Hanoï demandant ma relève immédiate, et mon remplacement ; il ajoutait
que, si le Gouvernement ne pouvait envoyer un autre docteur,
il mettrait, en attendant, l'écrivain annamite comme chancelier. Or, au moment où il expédiait cette lettre, il ne trouvait
pas de mots assez forts pour exprimer toute la sympathie qu'il
disait avoir pour moi. Il n'a pas même épargné le directeur
de la douane chinoise M. de G.., qu'il a cherché « à démolir » bien qu'il n'eût rien à faire avec la Douane impériale ;
jusqu'au receveur des postes de Lang-Son qu'il a voulu « tomber » en le dénonçant auprès de son chef, et en se servant,
dans sa lettre, du nom du Colonel Gouttenègre. »

Je sus après, en effet, que tout ce que m'avait appris le
Dr Pelofi était l'exacte vérité. M. Hennecart, receveur des
Postes, M. le Colonel Gouttenègre, M. de G.., à Longtchéou,
me confirmèrent les agissements de M. Dautremer contre eux,
Je sus, également, que l'évêque de Nanning, Mgr Lavest,
qui avait appris, de la bouche même du Gouverneur Wang-
Tche-Tchouen, la conversation de M. Dautremer à son passage à Wu-Tchéou-Fou, en avait aussitôt informé M. Dubail,
et l'avait mis au courant des sommes que la mission avait
payées pour les frais de voyage et de télégrammes que ce
Consul pensait, sans doute, laisser à la charge des missionnaires ; Mgr Lavest, outré de la conduite du Consul, avait
déjà réclamé officiellement au Consulat les sommes impayées,
et le Dr Pelofi avait transmis sa réclamation.

Les jours qui suivirent le passage de M. et Mme Pelofi,
furent des jours de tristesse pour ma femme.
Celle qui avait assisté à toutes mes luttes au Kwang-Si, et
qui partageait toutes les peines que je me donnais depuis six
ans que nous étions à Pinh-Shiang, avait espéré, jusqu'alors,
que nous serions un jour récompensés de nos privations, et
voilà qu'un misérable qui représentait la France, était venu
détruire nos espérances en se servant de sa situation de Consul pour m'accuser de vols !
Pour la majeure partie de mes compatriotes, les accusations
portées contre moi étaient indignes, mais pour ma femme,
qui connaissait les fonds dont nous disposions, les accusations
du Consul Dautremer étaient des actes criminels qui la surex-
citaient d'une façon inquiétante.

De ce malheureux jour, l'existence de ma pauvre femme fut empoisonnée ; elle ne voulut plus entendre prononcer le nom de l'homme qui avait sciemment terni notre réputation. Elle se reprochait de m'avoir incité à consentir des prêts au Maréchal, et de ne pas avoir insisté pour que nous quittions le Kwang-Si. Chaque jour elle se désolait davantage, et, bien qu'elle ne voulût jamais me parler de ses craintes au sujet du règlement définitif que j'avais demandé le 5 août, je voyais qu'elle désespérait de nous voir sortir du Kwang-Si, sans un procès avec notre Gouvernement que nous avions cependant servi avec tout le dévouement dont nous étions capables.

D'autre part, je recevais des nouvelles qu'elle ne pouvait ignorer. Les amis du Maréchal m'avaient appris sa condamnation à mort, et j'avais à nouveau télégraphié à M. Doumer, pour que la France s'opposât à l'exécution de l'homme qui l'avait servie pendant des années, qui portait la Croix de Commandeur de la Légion d'honneur et qui ne devait sa condamnation qu'à M. Beau, auteur de son rappel immérité. J'étais certain que M. Doumer ferait tout, à Paris, pour sauver la tête de celui qu'il recevait jadis, au Tonkin, avec tant de plaisir. J'avais déjà reçu de lui une réponse à mon premier télégramme, et il m'avait communiqué les lettres de M. Delcassé à ce sujet. Je ne désespérais donc pas de voir le Maréchal sauvé encore par notre ancien Gouverneur (A. n^e 59, page 63).

En effet, quelques jours après, nous avions appris que la peine capitale avait été commuée en celle d'un exil perpétuel. L'intervention de M. Doumer était patente ; l'ancien chef de la colonie indo-chinoise n'avait pas abandonné ses collaborateurs de la frontière.

Je lui fis parvenir le résumé de tout ce qui s'était passé au Kwang-Si, depuis son départ du Tonkin, et le priai de vouloir bien s'entremettre auprès du Chef de l'État, à qui j'adressais une supplique pour obtenir que l'enquête que je réclamais depuis un an, au Ministère des Affaires étrangères, aboutît.

Je m'étais, en effet, décidé à écrire au Président de la République, pour lui exposer la situation dans laquelle les agissements du Consul de France nous avaient mis, ma famille et moi, et les griefs que j'avais contre celui dont la conduite avait, trois mois auparavant, à Canton, tant indigné les Français.

Je disais, en substance, au Président, que, depuis de longs mois, je demandais avec instance une enquête sur les faits que je reprochais au Consul Dautremer, que je ne pouvais obtenir un mot de réponse, et que j'attribuais ce silence à la haute influence de deux puissantes amitiés dont ce Consul se vantait à tout propos : celle de M. Beau et celle d'un de ses plus immédiats collaborateurs ; et que, pour enterrer ma requête et éviter une juste punition à ce Consul indigne, ces hautes personnalités m'avaient sacrifié.

Enfin, je m'adressais à lui, Président de la République française et Grand-Maître de la Légion d'honneur, pour qu'il décidât qui étaient les imposteurs, de M. Doumer, qui, comme Gouverneur général, m'avait proposé pour la Croix, du Général en chef Dodds, de l'Amiral Courrejoles, des consuls de France qui s'étaient succédé à Longtchéou, ou de M. Dautremer.

En terminant cette supplique, je faisais appel aux hauts sentiments de justice du chef de l'État.

A quelque temps de là, nous apprenions que le Conseil d'enquête des Directeurs du département des Affaires étrangères avait conclu à la révocation de l'ancien Consul de Longtchéou, mais que, grâce à l'intervention de M. G..., protecteur de M. Dautremer, le Président de la République, dans sa magnanimité, avait changé cette peine disciplinaire, et fait mettre en retrait d'emploi celui qui l'avait insulté.

Dire que cette décision du Président fut bien accueillie par tous ceux qui avaient été témoins des incidents Dautremer, dans la province du Kwang-Tong, et par ceux qui étaient au courant de la conduite du représentant de notre patrie à Longtchéou, je ne le puis ; mais ce que je puis affirmer, c'est qu'elle procura, une fois de plus, aux étrangers de Canton et de Hong-Kong, l'occasion de faire des comparaisons qui ne furent pas à l'avantage des Français.

A ma supplique au Président de la République, je n'eus aucune réponse, et je ne pus jamais obtenir la moindre enquête du Ministère.

En septembre, M. Véroudart, venant de Pékin, arrivait à Longtchéou prendre la succession de M. Dautremer ; le D' Pelofi redevenait chancelier.

Trois semaines après, ce Consul me faisait connaître que

M. le Ministre de France à Pékin avait transmis à Paris la réclamation en règlement de compte que j'avais adressée, mais que, n'ayant aucune connaissance de mon contrat, ni aucun élément d'appréciation du bien fondé de ma réclamation, il n'avait joint aucun document à l'appui (A., n° 60, page 64).

Or, en adressant le 5 août cette demande de règlement, j'avais soin de spécifier : « Que je tenais à la disposition des autorités françaises, toutes les pièces justifiant ma réclamation ; que, de plus, mon contrat était enregistré sur les registres du Consulat, que le Maréchal Sou était à Pékin, et que la Légation pouvait profiter de son séjour pour lui demander s'il était d'accord avec moi sur les sommes dues par lui. »

La forme indéterminée de la réponse de M. Dubail, que me communiquait M. Véroudart, me faisait prévoir toutes les difficultés administratives auxquelles j'allais me heurter. Il était, en effet, impossible que la Légation de France n'eût pas eu connaissance de mon contrat et de ma situation au Kwang-Si, étant donné tout ce qu'elle avait reçu du Consulat de Longtchéou à mon sujet depuis sept années.

Je me disposais à écrire à Pékin, lorsque, le lendemain, je fus avisé officiellement que le Consulat de France, à Longtchéou, était supprimé, et que le Consul était invité à regagner Shangaï avec les archives (A., n° 60 *bis*, page 65).

En recevant cette nouvelle, à laquelle personne ne s'attendait, pas même M. Véroudart qui, pensant rester à ce poste au moins une année, avait apporté avec lui toute son installation, je ne pus m'empêcher de me reporter aux jours de l'arrivée de M. Dautremer chez moi, lorsqu'il m'avait annoncé la suppression du Consulat. Son programme, dicté par M. Beau, était entièrement rempli, et tout ce qu'avait organisé, établi M. Doumer, pendant les cinq années de son gouvernement, était anéanti.

Dès réception de l'avis de M. Véroudart, je répondis au Consul de France, en le priant de se rendre à Pinh-Shiang avant son départ, ou d'envoyer un délégué pour constater *de visu* les constructions faites par moi et restées impayées, et pour procéder à l'inventaire des objets mobiliers et autres achetés par ordre du Maréchal.

En outre, je demandais au Consul de faire une enquête auprès des mandarins de Lontgchéou attachés à la Commission impériale des chemins de fer, pour qu'il se rendît bien compte, avant son départ, des sommes qui m'étaient dues en appointements et divers par la Commission officielle, depuis l'année 1899.

Le 29 septembre, le Consul m'ayant informé qu'il ne pouvait venir à Pinh-Shiang ni envoyer un délégué, je lui écrivis que je descendrais à Longtchéou, ainsi qu'il m'y engageait, avant la fermeture des portes du Consulat.

Le lendemain 30, M. Véroudart prit connaissance de mon contrat enregistré en son Consulat, et des différents documents composant tout le dossier que j'avais apporté, des principales pièces ayant trait à ma réclamation, des reçus signés et timbrés du sceau particulier du Maréchal, qu'il contrôla, de l'inventaire de tout ce qui existe à Pinh-Shiang, du relevé des sommes dues pour déplacements et réceptions officielles. Enfin, il s'assura de la présence sur les registres du Consulat de la lettre officielle écrite par le Consul Culliéret, à la date du 30 septembre 1901 et expédiée sous le n° 279 du registre des départs.

Avant de nous séparer, M. Véroudart m'avait promis d'entretenir tout particulièrement notre Ministre de mes légitimes réclamations, et de lui exposer la situation des plus intéressantes dans laquelle je me trouvais au Kwang-Si, et ce que j'avais fait pour la province et les frontières, depuis les changements intervenus dans l'administration chinoise. Il m'avait avisé que M. Pelofi garderait le titre d'agent consulaire, quoique le Consulat fût supprimé à la date du 1er octobre, et qu'il recevrait ultérieurement des instructions définissant ses nouvelles attributions.

Au commencement de novembre, arrivait à Longtchéou le successeur du Maréchal Sou, le Tao-Taï-Tcheng.

Ce Tao-Taï, mandarin civil, ancien consul au Japon, avait été appelé à remplacer le Maréchal, comme Général des armées du Kwang-Si et commissaire impérial des frontières. Il amenait avec lui deux mille cinq cents hommes de troupes de la province du Hou-Pè, au lieu de cinq mille qu'il comptait officiellement, équipés et instruits à l'européenne, par des instructeurs japonais revêtus du nouveau costume de l'armée chinoise. L'ère japonaise allait remplacer l'ère française qui prenait fin, grâce à MM. Beau et Dautremer, et bientôt, des crédits spéciaux allaient être demandés à Pékin, pour l'envoi d'élèves chinois du Kwang-Si, au Japon, et pour l'installation, à Longtchéou même, d'une école de cadets (A., n° 61, page 65).

Depuis près d'un an, toutes les provinces avoisinantes étaient pourvues d'officiers japonais engagés aux titres d'instructeurs, d'ingénieurs, de docteurs, etc. ; seule, notre présence au Kwang-Si avait empêché l'infiltration de la race japonaise ; l'arrivée de l'ancien consul chinois au Japon, Tchen. réduisait à néant tous les efforts faits jusqu'à ce jour pour maintenir la prépondérance de l'influence française aux portes de notre colonie.

Le nouveau Général prit possession de la frontière, remplaça les réguliers par ses troupes, supprima ma garde pour y mettre de ses soldats, changea les camps, fit de nouveaux règlements; en un mot, désorganisa l'ancien système pour en inaugurer un nouveau qui ne put durer longtemps, car, toutes les troupes venues de la province du Hou-Pè furent décimées en un clin d'œil, par le climat auquel des hommes venant d'une région tempérée n'étaient point habitués.

En un mois, je comptais sept cent trente décédés que des charrettes, passant à ma porte, transportaient à leurs dernières demeures.

Le 13 novembre, j'écrivis à nouveau à M. Dubail, pour le prier d'activer le règlement de mes comptes, bien qu'il eût transmis ma réclamation à Paris. Je persistais à m'adresser directement à celui qui représentait la France à Pékin, de qui seul, je relevais comme citoyen français habitant la Chine, et je lui faisais connaître la situation critique dans laquelle je me trouvais avec les miens, depuis l'arrivée du nouveau Général.

'Peu de temps après, la peste se déclarait dans le village de Pinh-Shiang, et le Dr Pelofi était appelé par le Général Tcheng à donner ses soins aux malades. Pendant quelques jours, nous nous trouvâmes ensemble avec Mme Pelofi qui ne quittait pas son mari. C'est après leur séjour chez moi que j'avais pris la décision de me rendre à Pékin pour activer la solution de mon affaire; ma femme devait rester au Tonkin avec son enfant pendant que durerait mon absence.

Nous prenions nos dispositions de départ, quand nous

reçûmes de M. et Mme Pelofi l'annonce de leur retour à Pinh-Shiang où ils venaient cette fois organiser un hôpital destiné aux nouvelles troupes du Hou-Pê, atteintes de fièvre et de dysenterie. Nos deux compatriotes arrivèrent chez moi le 10 décembre et s'y installèrent.

Sur le conseil du docteur, je me décidai, avant d'entreprendre mon voyage à Pékin, à aller à Hanoï voir M. Beau qui, m'avait dit M. Pelofi, était bien revenu sur le compte de M. Dautremer et sur le mien. Je pouvais, sans crainte, confier la garde de ma femme et de son bébé au Dr Pelofi qui habitait ma maison avec Mme Pelofi.

Le 18 décembre, je quittai ma femme assez bien portante et j'arrivai à Hanoï le 21.

J'avais déjà vu M. Hardouin qui m'avait annoncé au Gouverneur général pour le lendemain, lorsqu'en rentrant chez le capitaine Debats où je descendais habituellement, mon ami me remit un télégramme me réclamant d'urgence à Pinh-Shiang, ma femme se trouvant très fatiguée.

Immédiatement, je me mis en route, et j'arrivai chez moi le 27 décembre. J'y trouvai ma pauvre femme démente, elle avait perdu la raison.

Je ne pouvais y croire. Pendant deux jours, j'essayai tous les moyens pour la rappeler à elle, rien n'y fit. Le docteur et Mme Pelofi ne pouvaient m'être d'aucune utilité. Je fis télégraphier au Colonel Gouttenègre et au Général Corronat qui m'envoyèrent aussitôt un médecin militaire ; deux jours après, mon beau-frère, qui est docteur également, accourait. M. et Mme Pelofi étaient retournés à Longtchéou.

Que s'était-il passé pendant mon absence ? Je ne l'ai jamais su.

Pendant les deux journées qu'avait duré mon voyage de retour, elle était restée dans cet état, sans que le Dr Pelofi cherchât à la soulager et fît quoi que ce soit pour combattre ce délire, étant, avait-il dit à l'arrivée du docteur de Lang-Son, dans l'incapacité complète de comprendre un pareil état !

Mon beau-frère et son collègue jugeant nécessaire le transport immédiat au Tonkin, je réunis tous les hommes que j'avais pour l'emporter jusqu'à Lang-Son, d'abord, et à Hanoï ensuite. Malgré les soins des médecins réunis, son état cérébral demeura le même.

Son transport pour la France s'imposait, mais la Compagnie des Messageries Maritimes, subventionnée par le Gouvernement, ne voulait prendre à son bord aucun malade, je dus attendre l'arrivée d'un bateau affrété par l'État pour les troupes de l'Indo-Chine pour pouvoir embarquer ma femme.

Elle partit le 11 février 1904 avec sa sœur qui emmenait mon fils. M. le Gouverneur général Beau avait, vu la circonstance, autorisé mon beau-frère, médecin des troupes coloniales, à les accompagner jusqu'à Paris, car je me trouvais à ce moment dans un tel état que je n'aurais pu supporter le voyage et que loin d'être un secours, j'aurais constitué un embarras pour ceux qui avaient assumé la charge d'accompagner ma femme.

ANNEE 1904 (*suite*).

Pendant que les miens rentraient en France, mes amis me soignèrent et me remirent debout; mon énergie revint petit à petit, et bientôt je fus en état de penser aux devoirs qui m'incombaient.

Sur le conseil de plusieurs personnes, je fis parvenir au Gouverneur général M. Beau, par son sous-chef de cabinet, M. Cognac, un exposé de ma situation, faisant ressortir ce que j'avais fait sur les frontières, aussi bien pour la Chine, que pour l'Indo-Chine, et lui faisant connaître les sommes qui m'étaient dues par la Chine et le Maréchal Sou, qui ne ne m'avait pas même remboursé les frais de déplacements multiples et de réceptions officielles que j'avais faits dans l'intérêt de deux pays.

Après avoir donné cet exposé, le Dr Cognac m'avait invité à fournir au Secrétariat général un état général des sommes que j'avais dépensées au Kwang-Si. En remettant cet état à M. Broni, je lui avais donné toutes les explications nécessaires à l'établissement de la répartition des dépenses incombant, soit au Gouvernement chinois, soit à l'Indo-Chine.

Il m'avait fait comprendre l'impossibilité, pour le Gouvernement général, de payer de semblables dépenses sans ordre ministériel, mais il m'avait annoncé que M. Beau allait personnellement demander des instructions à ce sujet à Paris.

D'autre part, M. François, Consul général à Yunnam-Sen, descendu, à cette époque, à Hanoï, pour conférer avec M. Beau, m'avait fait part des excellentes intentions dont le Gouverneur général était animé en ce moment. Il m'avait répété les paroles du Chef de la colonie à propos des sommes qui m'étaient dues par la Chine, et dont plusieurs, telles que celles représentant mes appointements et mes avances pour constructions qui restaient au Kwang-Si, étaient, d'après M. Beau, imprescriptibles.

Enfin, il m'avait également dit que le Gouverneur général me donnerait les moyens de me rendre à Pékin, pour activer et terminer rapidement le règlement de mes affaires.

Tout me faisait espérer que le Gouverneur général s'intéressait à ma situation.

Entre temps, j'avais reçu de M. Doumer, en réponse à ma lettre du 23 novembre, un avis m'informant que le Gouvernement français faisait des démarches pour que le Maréchal Sou fût mis prochainement en liberté (A. n° 62, page 66), que l'étude de la liquidation de mon compte avec les Chinois allait être faite, mais que, cependant, le Ministère, ne voulant pas compliquer la situation, ne pouvait saisir le Waï-Ou-Pou de ma question de règlement avant la libération définitive de notre ami, pour ne pas réveiller les animosités du Gouvernement impérial (A. n°ˢ 63 et 64, page 67). Je l'en avais remercié par ma lettre de mars 1904.

A quelque temps de là, j'étais avisé de l'arrivée à Hanoï du premier Secrétaire de l'ambassade de France à Pékin, M. Cazenave. Un ami commun, qui l'avait préalablement entretenu à mon sujet, me présenta à lui. Après avoir pris connaissance des documents que je lui avais apportés, le premier Secrétaire m'avait promis d'écrire au Ministère, pour faire activer la solution que j'attendais depuis le 5 août dernier (A. n° 65, page 68).

Huit jours après, je revoyais M. Cazenave qui m'annonçait, lui aussi, les bonnes dispositions de M. Beau à mon égard, et, en même temps, son départ pour Canton. Ce diplomate était chargé par le département des Affaires étrangères d'une inspection générale des Consulats, et n'était que de passage au Tonkin.

Jugeant le moment propice, je me présentai au Gouvernement général où je fus reçu par M. Beau, qui m'engagea fermement à me rendre à Pékin où là, seulement, m'affirmait-il, mes affaires pouvaient être réglées ; il m'assura, en outre, qu'il en écrirait particulièrement à M. Dubail.

Fin avril, j'étais prévenu qu'une indemnité de 10.000 piastres m'était allouée par décision du Gouverneur général, et qu'un mandat de cette somme était établi en mon nom.

Étaient-ce là les moyens que m'offrait M. Beau pour me rendre à Pékin, et quelle pouvait être la teneur de cette décision ! C'est ce dont je voulus m'assurer avant de toucher cette somme.

A cet effet je me rendis au Secrétariat général où avait été émis le mandat et demandai à prendre connaissance de la décision. L'employé me répondit qu'elle était au Conseil privé ; c'était donc au cabinet du Gouverneur général seulement que je pouvais la voir.

Le Dr Cognac, à qui je m'adressai pour qu'il me renseignât sur l'objet de la dépense visée par la décision dont les termes m'étaient inconnus, « je ne voulais pas, lui disais-je, toucher une somme quelconque sans savoir les motifs du mandatement », me répondit :

« Que cette décision avait été prise en Conseil privé et que
« les membres de cette assemblée, d'accord avec M. Beau,
« ne m'avaient accordé cette indemnité qu'en raison des nom-
« breux services que j'avais rendus à la Colonie, et pour me
« donner les moyens de me rendre à Pékin régler mes affai-
« res. »

Le Dr Cognac connaissait les embarras d'argent dans lesquels je me trouvais, après les dépenses que m'avait occasionnées la catastrophe arrivée à ma femme. Bien qu'il m'inspirât la plus grande confiance, je désirais, néanmoins, pour ma satisfaction personnelle, voir cette pièce, et j'insistai auprès de lui.

« Je ne puis vous la montrer, me répondit-il, car M. Beau
« a en mains le dossier de la dernière réunion du Conseil. »

« Mais, puis-je savoir, ajoutai-je, s'il y est question des sommes dues par l'Indo-Chine, pour les déplacements ou les réceptions faits par moi ? auquel cas, je n'accepterais pas ce mandat ? »

Le Dr Cognac m'affirma qu'il n'y avait rien de semblable, et que, « je devais à M. Beau, la faveur qui m'était faite. » En me quittant il m'engagea à toucher la somme sans arrière-pensée.

C'est ce que je fis au commencement du mois de mai, mais, en prévision de tout événement, je crus bon d'ajouter, au-dessus de ma signature, la mention, « sous réserve des sommes dues », avant d'encaisser ces 10.000 piastres.

Le lendemain, je quittai le Tonkin pour la Chine et Pékin, après avoir pris mes dispositions pour que ma maison au Kwang-Si ne souffrît pas de mon absence.

A mon passage à Hong-Kong, le 26 mai, j'eus la chance de rencontrer de nouveau M. Cazenave.

Ce diplomate vint à moi le premier, me parla de mes affaires, et, chemin faisant, m'emmena au club où il était descendu. Je vis, à la tournure de la conversation, que M. Cazenave compatissait à mes malheurs, mais, cependant, je ne m'en expliquais pas encore les raisons.

Pendant une heure qu'il me garda, j'appris, qu'après lui avoir donné communication de mes documents, il avait demandé à M. Beau des renseignements à mon sujet, et que le Gouverneur général, [qui, peut-être, avait des remords de conscience], ne lui avait dit que ces simples mots, « Bertrand ? voyez son dossier » ; — qu'après avoir pris connaissance de tout le dossier gardé au Gouvernement général, il n'avait pu s'empêcher de pousser cette exclamation : « — Mais, c'est une terrible injustice ! » ce à quoi, lui avait répondu M. Beau : — « Oui, mais qu'y puis-je, maintenant? »

M. Cazenave m'apprit encore, que, étant chargé d'affaires à Pékin, avant l'arrivée de M. Dubail, il avait été amené, à un moment, à prendre fait et cause pour M. Dautremer, contre moi, qu'il ne connaissait pas alors, et que, heureusement, son ami, M. de Grandprey, attaché militaire, l'avait renseigné à temps, et l'avait empêché de commettre un acte qu'il ne se pardonnerait pas aujourd'hui. — « Je veux, me dit-il, faire tout ce qui sera en mon pouvoir pour que justice vous soit rendue, malheureusement il y a un malheur irréparable. »

Trois jours après, je revis encore M. Cazenave; il venait de recevoir de M. Beau un télégramme annonçant la mise en liberté du Maréchal Sou. M. Dubail l'en avait informé, ainsi que le Ministère. Cette nouvelle venait à point, car elle me permettait d'espérer que je traiterais plus rapidement le règlement de mes comptes avec mon ancien chef. M. Cazenave s'en réjouissait avec moi, et, en me souhaitant bonne chance, il m'assura de tout son concours. Deux fois, avant de me quitter, il me répéta que « dans toute sa carrière, il n'avait pas vu une pareille injustice. »

TROISIÈME PARTIE

Le 21 juin, j'arrivais à Pékin.

Je n'étais pas plus tôt débarqué, que les amis du Maréchal Sou frappaient à ma porte, et m'apprenaient que mon ancien chef, loin d'être libre et par conséquent gracié, se trouvait bel et bien en route pour l'exil perpétuel, et qu'il ne comptait que sur mon intervention pour le tirer encore de là.

Après m'être assuré du lieu où il se trouvait, j'envoyai un de ses amis auprès des mandarins de l'endroit, pour qu'ils me ménageassent une entrevue avec l'ex-Maréchal ; puis je me rendis à la Légation de France, où je remis à MM. Vignon et du Halgouët les lettres de présentation que M. Cazenave m'avait aimablement offertes à Hong-Kong.

A ma demande, ces Messieurs m'avaient confirmé que le Maréchal n'était pas libre, mais qu'il le serait bientôt, et que les portes de sa prison s'ouvriraient toutes grandes ; M. du Halgouët avait ajouté que Sou ne quitterait pas Pékin et qu'en attendant sa libération définitive, il avait un traitement de faveur dans sa prison.

La Légation de France ne savait donc pas où se trouvait celui dont elle avait annoncé à Paris et en Indo-Chine la mise en liberté ?

M. Vignon, deuxième secrétaire, m'ayant informé que le Ministre me recevrait le lendemain, je me présentai le vendredi 24 juin à la Légation ; j'y vis pour la première fois M. Dubail.

Après lui avoir exposé le but de ma visite à Pékin.et mon intention de liquider ma situation avec les Chinois et leur représentant au Kwang-Si, je lui demandai des nouvelles de ma réclamation adressée un an auparavant par l'entremise du Consul de Longtchéou.

Le Ministre me répondit, — ce que je savais du reste par M. Véroudart, depuis septembre 1903, — qu'il avait transmis ma lettre à Paris et qu'il attendait la réponse du Département; que mon affaire ne le regardait aucunement, n'ayant eu connaissance ni de mon contrat ni des engagements pris vis-à-vis de moi par l'Indo-Chine, et qu'il appartenait au Ministère seul, de prendre une décision.

Ayant fait remarquer à celui qui me répondait ainsi, qu'il était assez difficile au département des Affaires étrangères de statuer sur une question dont il n'avait aucun élément, puisque lui, Ministre à Pékin, n'avait pris connaissance d'aucune pièce de mon dossier, je proposai de lui remettre tous les documents que j'apportais avec moi, afin qu'il pût les vérifier et les faire contrôler si besoin, avant de communiquer à Paris les principaux arguments sur lesquels ma réclamation était basée.

Malgré toute l'insistance que je mis, notre Ministre n'en voulu voir aucun. J'eus beau lui dire que, résidant en Chine, j'étais directement placé sous sa juridiction, que mon affaire était essentiellement chinoise puisque j'avais un contrat avec les Chinois, enregistré au Consulat de Longtchéou, et que lui, Ministre de la République à Pékin devait, le premier, en connaître, je ne pus faire varier sa réponse : « Je ne connais rien de votre affaire et ne veux pas la connaître ; elle ne me regarde pas. Le Gouvernement chinois dit qu'il n'a passé directement avec vous aucun contrat, et qu'il n'est pas responsable des actes du Maréchal Sou au Kwang-Si. »

Devant une semblable déclaration, je priai M. Dubail de me faire savoir à qui incombait alors la responsabilité des sommes qui m'étaient dues, puisque, d'une part, le Gouvernement chinois ne reconnaissait pas un contrat signé entre son Ex-Délégué au Kwang-Si et moi, et que, d'autre part, le Gouvernement français, par son représentant à Longtchéou, m'avait assuré et garanti, par lettre officielle du 30 septembre 1901, enregistrée sous le n° 279, le paiement de toutes les sommes que j'avais consenties au Délégué officiel du Gouvernement chinois.

« Écrivez-moi une nouvelle lettre en rappel de votre récla-
« mation, — me répondit le Ministre de France, — je la trans-

« mettrai à Paris ; c'est tout ce que je puis faire. Je ne suis
« ici qu'un *Agent transmetteur.* »

Mais cependant, ajoutais-je, j'ai à vous entretenir d'une
autre question qui vient s'ajouter à ma réclamation d'août dernier. J'ai fourni 30.000 piculs de riz aux troupes impériales
du Kwang-Si qui ne m'ont pas été payés et dont les intérêts
courent toujours ; j'ai apporté le dossier complet et je désire-
rais que vous en prissiez connaissance. Cette livraison a été
faite au Maréchal Sou, c'est vrai, mais pour les besoins des
troupes impériales qui en ont profité au moment des troubles
de 1900 et alors que la Cour était à Tsin-Ngan-Fou, dans l'incapacité de faire face aux horreurs de la famine qui régnait au
Kwang-Si ; les troupes de l'Empire seraient mortes de faim si
je ne les avais approvisionnées ; le Gouvernement chinois,
déclinera-t-il aussi la responsabilité de la somme que j'ai
avancée en cette occasion?

« Cette question est, en effet, à voir, — me répondit mon
Ministre, — apportez-moi votre dossier du riz, je l'exami-
nerai. »

En outre, je priai M. Dubail de me dire à qui je devais
réclamer les sommes que j'avais avancées pour mes déplacements à Pékin, à Kwang-Tchéou-Wang et au Tonkin ; pour
les frais de réceptions officielles ordonnées soit par le Maréchal, soit par le Gouvernement général de l'Indo-Chine ; pour
les colonnes de Cao-Bang et de la frontière, etc., etc. Toutes
ces sommes étaient restées impayées et venaient s'ajouter à
ma réclamation d'août 1901.

« Je vous invite, — me dit encore une fois le Ministre de
France, — à me faire une lettre détaillée et à me la remettre ;
je la transmettrai aussitôt au Département. »

Avant de prendre congé de M. Dubail, je ne lui cachai pas
que, puisqu'il avait annoncé à Paris et au Tonkin la mise en
liberté du Maréchal Sou, mon plus grand désir était d'avoir
une entrevue avec mon ancien chef, en présence du Ministre
de France, afin que ce dernier fût assuré du bien fondé de ma
réclamation, et en informât ensuite le Ministère.

Cette demande bien rationnelle produisit un effet magique.
Notre Ministre qui, jusque-là, avait cru devoir m'en imposer
par sa froideur, changea d'attitude subitement. Le ton arro-
gant, depuis le début de notre conversation, devint douce-

l'eux ; le diplomate reparut et c'est avec la plus parfaite bon-
homie que le Représentant de la République me répondit :
« Qu'il n'y verrait pas d'inconvénient dès que les formalités
de la levée d'écrous seraient remplies ; que ça ne pouvait
traîner, du reste ; qu'il était heureux de voir, enfin, libre,
celui pour lequel il avait fait tant de démarches auprès de la
Cour. »

« Sou, m'a fait remercier, — se plut-il à me dire — dès
« qu'il sut qu'il allait être libre. Dans quelques jours la pri-
« son ouvrira ses portes ; je veille d'ailleurs pour qu'il soit
« bien traité jusqu'à sa sortie. La Légation est renseignée sur
« tout ce qui se passe à Pékin, croyez-le, — souligna-t-il d'un
« air entendu, et en me jetant un regard à la dérobée. »

Je quittai le représentant de la France après l'avoir informé
que j'apporterai la lettre nouvelle qu'il me demandait, et le
dossier relatif à l'achat du riz. Il me tardait de connaître la
vérité sur cette libération du Maréchal affirmée par le Ministre de France et niée par ses amis.

Je revins chez moi, où je rencontrai l'émissaire qui avait
préparé l'entrevue, puis le surlendemain, 26 juin, je pris le
train qui me débarqua à la station de Liang-Fang-Tien, située
à une centaine de kilomètres de Pékin. Là, m'attendait une
charrette chinoise qui me transporta dans le village où s'était
arrêté mon ancien chef, se rendant à petites journées au Turkestan, lieu d'exil assigné par la Cour, et distant de Pékin de
plus de huit mois de marche.

J'eus à peine franchi la cour intérieure du Yamenn où l'on
m'avait conduit, que j'aperçus le Maréchal dans l'entrebâille-
ment d'une des portes de l'aile droite. Jamais je n'oublierai
l'expression qui se peignit sur sa figure. Je ne fus pas plutôt
près de lui, qu'il se jeta dans mes bras sans mot dire.

J'étais le premier Européen qu'il voyait depuis plus d'un an,
et son meilleur ami.

C'est sur le lit de camp d'une petite chambre où ses affaires étaient éparses, qu'il commença à me raconter, à voix
basse, et dans la langue cantonnaise, car nous étions épiés et
les murs avaient des oreilles, toutes les souffrances, toutes
les angoisses par où il était passé depuis son arrivée à Pékin,
en juin 1903.

Le cachot où il avait été jeté était encore imprégné de toutes les horreurs de la torture qu'avait subie le journaliste chi-

nois de Shang-Haï ; les ongles des pieds et des mains avaient été laissés intentionnellement sur la terre rouge, encore, du sang répandu. Seul, sans aucun serviteur, et pendant plusieurs jours qui lui avaient semblé des siècles, le Maréchal avait été hypnotisé par les instruments de supplice qui étaient restés dans un coin, prêts à être repris par les bourreaux sur un signe de l'Impératrice.

Enfin, grâce à une somme considérable, 150.000 francs, ses amis avaient obtenu qu'il changeât de cellule, et ce transport était venu le tirer de l'épouvantable perspective de se voir dépecer et arracher morceau par morceau.

Pendant plusieurs mois, il avait été dans l'attente de la mort, et le jour était venu où on lui avait appris qu'il aurait la tête tranchée. L'avant-veille du jour fixé pour l'exécution, quelques amis, à force d'argent distribué aux geôliers, avaient pu l'approcher et le voir une dernière fois ; aucun d'eux n'avait pu obtenir sa grâce de l'Impératrice à qui le Maréchal n'avait jamais envoyé d'offrande ni d'argent. Avant de les quitter, mon chef avait pensé au pays et à ses amis français qui, déjà, l'avaient secouru, et qui ne pouvaient l'oublier dans une circonstance aussi terrible. Il avait confié à l'un des siens sa croix de commandeur, en le priant de se rendre à la Légation de France, de la présenter au Ministre et de lui demander s'il laisserait mettre à mort un homme que la France avait si hautement distingué.

Trois jours après, il avait su que sa condamnation à mort avait été commuée et changée en un exil perpétuel.

Quel soulagement il avait eu ! et combien alors, il en avait été reconnaissant à ma patrie !

Pendant le mois qui suivit, il était resté dans sa prison, comptant sur les démarches des mandarins, ses amis, pour avoir sa grâce complète. Le régime de la geôle étant plus doux, grâce aux pourboires que versait son entourage aux gardiens, il avait revu ses fidèles qui l'avaient suivi jusqu'à Pékin, et, de leurs bouches, avait appris les faits qui s'étaient déroulés depuis son incarcération et durant sa mise au secret. C'est seulement à ce moment, qu'il avait su ce qu'avait fait le Gouvernement dont il avait servi les intérêts au Kwang-Si ; son rappel, sa disgrâce qui avaient entraîné son jugement, sa condamnation à mort, tout cela était l'œuvre du Gouvernement français !

Qu'avait-il donc fait à ses représentants pour motiver un si brusque abandon ?

Cette question, vingt fois, mon chef me la posa pendant toute la journée que je restai avec lui.

Vingt fois, il me demanda ce qu'il avait pu faire au Consul Dautremer, instigateur de ses disgrâces, alors qui ne l'avait pas rencontré trois fois dans sa vie ; et en quoi M. Beau, qu'il ne connaissait pas, pouvait avoir à se plaindre de son attitude.

Devant ma consternation, mon chef me lança, à brûle-pourpoint, cette nouvelle question :

Est-il donc vrai que la France, voulant s'emparer de la province limitrophe, m'ait fait rappeler pour la prendre mieux à son aise ?

Le Kwang-Si n'était-il pas sous l'influence entière de votre pays pendant que nous y étions ? et lui fallait-il encore agrandir ses possessions indo-chinoises ?

Et à son regard expressif, je compris ce qu'il eût fait en l'occurrence. Le Maréchal était vraiment l'ami dévoué de la France lorsqu'il était sur la frontière.

Pendant deux heures, nous parlâmes de tout ; je lui fis répéter ce qu'il m'avait dit au sujet de la présentation de sa croix de commandeur à la Légation de France, car je ne pouvais croire qu'il en fût arrivé là, sachant par M. Doumer toutes les démarches faites par M. Delcassé auprès de M. Dubail, afin que ce dernier intervînt énergiquement non seulement pour sauver le Maréchal, mais encore pour améliorer son sort de prisonnier.

Enfin, il m'entretint de Pinh-Sh'ang, de sa famille ruinée, de son ancien camp qui lui avait été si cher, de ce que j'allais faire à Pékin en vue de le sauver de l'exil où il se rendait. Il me donna des noms de ses amis chinois et ses instructions pour les entrevues que j'aurais avec eux ; il me parla longuement du Vice-Roi, Yuen-Chi-Kaï et de ses bonnes relations avec lui ; il me mit en garde contre certains mandarins qui, dans les milieux européens, prenaient sa défense, alors qu'ils l'accusaient à la Cour. Il me dit qu'il avait fait demander au Ministre de France, par l'entremise d'un Chinois de ses amis, 80.000 taëls pour qu'il pût les faire remettre à la Cour et être délivré des mains de ses ennemis ; et il espérait encore en la France et en ses représentants qui devaient, aujourd'hui, regretter une telle fin pour un mandarin dévoué à la cause française en Chine, et il espérait aussi en l'ami qui venait le voir alors qu'il était déjà sur la route de l'exil.

Je lui promis de faire tout pour le sauver, puis il me parla de ma femme, de sa maladie, de mes chagrins, et enfin des sommes qu'il me devait et pour lesquelles il me supplia de ne rien dire, me promettant de me les rendre aussitôt sa libération. Il me rappela lui-même l'achat du riz fait au Tonkin, et la somme de 102.000 piastres que j'avais empruntée pour lui à la Banque ; il me pria d'écrire à M. Doumer pour que cette somme fût payée par le Gouvernement afin d'éviter de trop gros intérêts en attendant qu'il pût se libérer.

C'est alors que je lui racontai tout ce que M. Doumer avait fait en France, en vue de le sauver, et que je lui donnai connaissance des vœux que formait son ami pour sa libération définitive.

Après avoir échappé à la peine capitale, le Maréchal avait reçu un émissaire chinois de la Légation, qui lui avait confirmé l'intervention de la France, et lui avait aussi parlé de la réclamation que j'avais faite au sujet des sommes qui m'étaient dues.

Il avait fait répondre au Ministre qu'il ne pouvait, à l'heure présente, penser à des règlements ; que j'avais d'ailleurs, au Kwang-Si, servi mon propre gouvernement et qu'il appartenait à la France de me régler ce qu'il ne pouvait plus me payer lui-même, puisque mon pays avait jugé bon de changer sa politique sur les frontières et de le priver, lui et les siens, par une demande de rappel immérité, de toute ressource et de tout espoir de revenir en grâce.

A ce sujet, il me supplia encore de patienter, de ne rien réclamer pour le moment, et de ne m'occuper que de sa mise en liberté. Il me pria d'insister auprès de M. Dubail et de M. Doumer pour qu'il obtînt les 80.000 taëls qu'il avait demandés, et avec lesquels il espérait désarmer la Cour. Je le lui promis encore et le quittai, tranquillisé et confiant dans l'avenir, en lui annonçant mon retour prochain auprès de lui.

Je revins à Pékin, tout bouleversé de cette visite, mais

décidé à faire l'impossible pour délivrer cet homme, qui ne devait ses malheurs qu'à son attachement à la cause française. D'autre part, j'étais fixé sur ce que valaient les assertions de la Légation de France, et sur la bonne foi du Ministre de la République qui avait trompé Paris et Hanoï en lançant un télégramme sciemment inexact. Si le Maréchal avait la tête sauve, il n'était pas libre.

Le lendemain, 27 juin, j'étais de nouveau à la Légation, et je remettais à M. Dubail la lettre qu'il m'avait demandée, ainsi que l'état détaillé des sommes dues et le dossier de l'achat de riz. Mais depuis ma première visite, le Ministre de France s'était ravisé, il ne voulait maintenant que transmettre ma lettre à Paris, sans prendre connaissance de mes documents qui, affirmait-il plus que jamais, ne l'intéressaient pas, ne le regardaient pas. Devant ce refus systématique, je n'insistai pas davantage ; je repris mes dossiers et ne lui laissai que ma réclamation renouvelée qu'il me promit de transmettre en France (A. n° 66, page 68).

Ayant perdu tout espoir d'entretenir le Ministre de la République de mes affaires personnelles, je voulus au moins lui parler du Maréchal Sou.

Je lui dis que j'avais rencontré mon ancien chef, non pas à la prison, comme il pouvait le croire, ni libre, mais en route pour l'exil, et déjà à 100 kilomètres de Pékin.

L'effet de ces paroles, encore une fois, fut considérable. Notre Ministre ne put dominer son impression ; pendant quelques secondes, il ne sut s'il devait, ou me jeter à la porte, ou me remercier. Il ne fit cependant ni l'un ni l'autre ; il se maîtrisa et redevint, comme la première fois, doucereux.

« Je savais, me dit-il, avec un sourire contraint, que le
« Maréchal Sou était sorti de prison. Vous connaissez aussi
« bien que moi les Chinois et leur orgueil, eh bien ! la Cour
« n'a pas voulu qu'il fût dit que notre protégé rentrait dans
« ses foyers, grâce à notre intervention ; elle a jugé bon de
« l'éloigner de Pékin pour lui rendre sa complète liberté. Je
« ne savais pas exactement où il se trouvait, mais vous me
« l'apprenez ; ne craignez rien, il ne dépassera pas Lang-Fang-
« Tien, et sera libre avant peu. »

Et, pendant qu'il croyait me tranquilliser sur le sort du Maréchal, son secrétaire, M. du Halgouët, cherchait sur la carte, l'emplacement du lieu où se trouvait l'exilé. Je dus, pour activer les recherches, lui montrer sur le tableau indicateur du chemin de fer la station à laquelle je m'étais arrêté la veille, et lui donner le nom du village que j'avais visité.

Je parlai à l'Agent de la République des 80.000 taëls que le Maréchal lui avait fait demander ; je le priai de prendre en considération toutes les souffrances que mon ancien chef avait endurées depuis un an, et de télégraphier à Paris pour qu'il obtînt du Gouvernement français cette dernière faveur.

Je donnai connaissance à M. Dubail de la promesse que j'avais faite à celui qui partait au Turkestan, de ne pas réclamer au Gouvernement chinois les sommes que son ex-délégué me devait, au moment où ses amis s'entremettaient à la Cour pour le sauver de l'exil perpétuel, et que je préférais attendre sa libération complète que pouvait hâter notre pays en s'entremettant encore une fois.

Le Ministre de France, en me confirmant la demande adressée par le Maréchal, m'apprit que, ne disposant à Pékin d'aucune somme d'argent, il en avait informé le département des Affaires étrangères, lequel n'avait pas encore répondu.

En partant, j'insistai auprès de lui, pour qu'il ne perdît pas de vue celui qui nous avait rendu de réels services au Kwang-Si, et pour qu'il veuille bien faire quelques démarches au Waï-Ou-Pou, afin que le Maréchal ne continuât pas un voyage aussi pénible que celui qui lui était imposé par l'Impératrice, cette dernière exigeant qu'il fît à pied la route de l'exil.

Aussi froidement que je m'y attendais, le Ministre me salua.

Quand je fus seul, chez moi, je ne pus m'empêcher de comparer la réception que me faisait M. Dubail à celle que m'avait faite M. Pichon, cinq ans auparavant.

Le Maréchal était alors tout-puissant, et sa présence était des plus nécessaires sur nos frontières indo-chinoises pour continuer et pour terminer leur pacification ; mes services étaient déjà appréciés en haut lieu, et le Ministère de l'époque savait ce qu'il pouvait retirer de ma participation à l'œuvre commune et de l'influence que j'avais su prendre au Kwang-Si.

M. Pichon m'avait reçu dignement à la Légation de France, lors de mon voyage en 1898 ; il s'était appuyé sur le rapport que je lui avais dressé sur place, pour amener la Cour à consentir à adopter l'écart des rails de la ligne de chemin de fer dans cette province limitrophe de notre possession Tonkinoise, pour qu'elle pût s'embrancher sur notre réseau français. Pendant mon séjour à Pékin, j'avais été de toutes les fêtes et de toutes les réceptions, et j'étais parti de la capitale avec le meilleur souvenir de notre Représentant.

Aujourd'hui, que le Maréchal n'existait, pour ainsi dire plus, grâce à l'erreur grossière qu'avait commise un Gouverneur général circonvenu par un agent misérable, j'étais reçu par M. Dubail comme un importun, et considéré comme un quémandeur depuis que je réclamais les sommes qui m'étaient dues.

Et pourtant, qui avait créé la situation désastreuse dans laquelle je me trouvais ?

N'avais-je pas provoqué le règlement de mon compte en 1901, alors qu'il pouvait être liquidé si facilement dans le cas où mon chef n'aurait pu me payer ce qu'il me devait ?

N'eût-il pas été plus prudent, lorsque je le voulais, de faire comprendre dans les indemnités de guerre à verser par la Chine le chiffre que je réclamais, de la même façon qu'avaient été comprises et payées les demandes de la Compagnie de Fives-Lille et de tant d'autres ?

Serais-je aujourd'hui dans l'obligation de réclamer aux Gouvernements chinois et français ce qui m'est dû, si, en 1901, les Représentants de mon pays ne m'avaient pas obligé à rester à mon poste, quand je voulais me retirer, et en réalité forcé à continuer l'œuvre que j'avais si bien commencée, en me promettant une récompense pour mes services et en me donnant toute sécurité pour les sommes avancées ?

Sans cette malheureuse lettre officielle et les engagements des représentants de la France, je n'aurais pas eu à déplorer la ruine de la santé de ma femme, et je n'aurais certes pas subi tous les malheurs qui n'ont cessé de m'accabler depuis 1902.

Telles étaient les réflexions auxquelles je me livrais après ces deux visites à la Légation de France.

Je ne perdis cependant pas courage, je me mis en relation avec les amis du maréchal, et, durant toute une semaine, ils cherchèrent le moyen le plus sûr pour arriver à faire demander directement à l'impératrice la grâce du prisonnier. Un d'entre eux avait à la Cour un de ses parents qui était lecteur préféré de l'Empereur; ils convinrent ensemble d'avoir recours à lui et de lui offrir de prendre la défense de notre protégé. Les conditions furent préalablement discutées, et peu de temps après elles étaient acceptées par ce censeur.

Sur ces entrefaites, je reçus une lettre de la Légation qui me conviait pour le lendemain mardi, 5 juillet, et m'invitait à apporter les documents justifiant ma réclamation (A. n° 67, page 68).

Quel changement s'était donc opéré dans l'esprit du Ministre de France?

En me présentant, je trouvais M. du Halgouët, qui avait été chargé par M. Dubail de prendre connaissance de mon dossier; une à une ce secrétaire les examina, il lut tout aussi bien celles rédigées en français que celles écrites en chinois. Il contrôla les lettres par lesquelles le Maréchal me demandait des emprunts, avec les reçus des sommes prêtées signés par lui. Il vit le dossier relatif à la fourniture des 30.000 piculs de riz, et notamment les reçus des sommes que j'avais payées à des tiers pour cet achat. Il prit toutes les notes qui lui semblaient indispensables pour établir un rapport, et je lui remis les états détaillés des sommes dues que le Ministre avait refusé de recevoir lors de ma dernière visite.

Pour M. du Halgouët, les dettes de l'ex-délégué du Gouvernement chinois au Kwang-Si, étaient surabondamment prouvées, justifiées, et il ne pouvait substituer dans son esprit aucun doute sur le bien fondé de ma réclamation.

Deux jours après, l'homme dévoué au Maréchal, qui le suivait en exil et que j'avais vu près de lui au Yamen où il s'était arrêté, venait me voir de sa part et m'apprenait que le Ministre de France avait, quelques jours auparavant, envoyé un émissaire français au Maréchal à Lang-Fang-Tien, pour lui dire que, en vue du procès que j'intentais contre lui en remboursement des sommes qu'il me devait, il était nécessaire que le Ministre connût de la bouche même de mon ancien chef, le chiffre exact de ses dettes envers moi; que cet émissaire, qui parlait assez difficilement la langue officielle chinoise, avait intrigué les gardiens du Yamen, et que le mandarin avait dû rendre compte de sa visite. Aux questions posées ouvertement par cet Éuropéen, le Maréchal avair été dans le plus grand embarras et dans une inquiétude mortelle, sachant qu'il était épié et que toute la conversation serait répétée, et avait affirmé ne me devoir aucune somme d'argent ; qu'il était impossible que je lui réclamasse quelque chose, qu'au contraire, j'étais son débiteur de 80.000 taëls dont il avait un pressant besoin, et qu'il avait prié le Ministre de les lui faire parvenir.

Ce Chinois, accompagné de trois autres avec lesquels je fis connaissance ce jour-là, me suppliait de voir M. Dubail pour qu'il ne fît rien contre le Maréchal qui ne pouvait croire, après toutes les promesses que je lui avais faites, que je lui intentasse un procès, et qui n'avait vu, dans cette visite de l'agent de la Légation, qu'une nouvelle manœuvre de ses ennemis pour le perdre sans retour.

Me voyant assez surpris de ce que j'apprenais, l'un des trois visiteurs prit à son tour la parole et me raconta, en y mettant toutes sortes de formes pour que ma susceptibilité ne fût pas trop froissée, que, depuis que le Ministre de France s'était rendu au Waï-Ou-Pou pour demander la révocation du Maréchal, jamais la Légation ne s'était souciée de lui pendant son incarcération ; que, d'ailleurs, mon Ministre n'avait que de très rares relations avec les hauts mandarins ; qu'il ne voyait que Lien-Fang, interprète de l'Impératrice pour la langue française, et ennemi du Maréchal, et qu'il n'avait jamais eu connaissance des souffrances endurées par le prisonnier.

Il me parla, en outre, de l'envoi de la croix de Commandeur de mon chef à l'agent de la République qui, à ce sujet, était entré dans une grande colère ; il me dit, qu'il était convaincu, avec tous ses amis, que le Maréchal ne devait d'avoir la vie sauve, qu'aux Ministres de Paris qui avaient certainement donné un ordre impératif à celui de Pékin ; sans quoi il ne se serait pas dérangé.

Enfin, tous les quatre me confirmèrent ce dont malheureusement je me doutais; le sentiment unanime des mandarins de la Cour était, que le Gouvernement français se désintéressait aujourd'hui du Maréchal Sou. Les hauts fonctionnaires chinois attribuaient ce revirement à un changement de politique de la France dans le Sud de la Chine ; ils avaient insisté auprès de la Cour, depuis ce rappel, pour que les provinces du Sud fussent sérieusement défendues et confiées à des troupes exercées ; l'Impératrice s'était émue des rapports reçus du Kwang-Si, et avait décidé l'envoi des troupes du Hou-Pè dans la province limitrophe.

J'avais vu, en effet, ces troupes arriver en novembre 1903. J'avais de la sorte l'explication des articles parus dans les Gazettes chinoises de cette époque annonçant les intentions de la France d'entrer au Kwang-Si et de s'en emparer.

En prenant congé de ceux qui me renseignaient si bien, je leur remis un mot pour le Maréchal l'assurant encore de mon entier dévouement à sa cause, et je leur promis de voir le Ministre de France.

Ainsi, le Ministre de la République à qui j'avais fait part de ma visite au Maréchal, à qui j'avais fait connaître mes promesses à ce dernier de ne point l'inquiéter de mon règlement pendant que ses amis s'occupaient de sa libération définitive, avait aussitôt dépêché un émissaire pour le relancer dans son exil, et pour lui demander le chiffre des sommes qu'il me devait : *« Vu le procès que je lui intentais par ma réclamation « officielle déposée à la Légation de France ! »*

Il avait attendu que j'eusse dit où se trouvait le Maréchal, pour lui envoyer un agent qui, sans se soucier du lieu où il se trouvait, avait demandé à l'exilé les renseignements qu'il était venu chercher, alors que le Ministre avait entre les mains ma réclamation depuis un an, et qu'il eût dû se renseigner depuis longtemps, surtout avant le départ du Maréchal.

Que résulta-t-il de la visite de l'envoyé de M. Dubail ?

Sur le rapport du mandarin de Lang-Fang-Tien, le Maréchal Sou était, quelques jours après, subrepticement enlevé et conduit vers Pao-Ting-Fou, deuxième étape sur la route de l'exil.

Je ne pus le revoir.

Le 14 juillet au matin, mettant de côté les griefs que j'avais contre le Représentant de ma patrie, je fus lui présenter mes devoirs de citoyen à l'occasion de la fête de la République. Il me reçut et me rendit mon salut. Le soir, tous les Français, sauf moi, avaient été conviés par le ministre au banquet officiel. Depuis vingt années que j'étais en Extrême-Orient, et absent de ma patrie, c'était le premier affront que je recevais. Pour cette invitation, notre représentant n'avait cependant fait aucune distinction de rang, ni de classe, puisqu'il avait également à sa table, l'agent de la Compagnie des wagons-lits, en même temps chargé de l'hôtel des voyageurs à Pékin.

Il ne me restait qu'à attendre le bon vouloir du Ministère à Paris, pour liquider mes affaires.

Celles de mon chef, loin de s'arranger, se compliquaient. Le jour où il quittait Lang-Fang-Tien pour poursuivre sa route vers le Turkestan, le censeur, notre ami, ignorant le rapport adressé à la Cour par le mandarin de ce yamen, se jetait aux pieds de l'Impératrice et implorait la grâce de l'ex-Maréchal. La souveraine, furieuse de tant d'audace, le faisait jeter hors du Palais, le destituait avant de le déférer au Tribunal des supplices, en l'accusant d'être vendu aux étrangers. Le malheureux ne dut la vie qu'à la faveur d'un puissant mandarin intervenu à la demande de l'Empereur.

Que pouvais-je espérer pour le triste exilé après un semblable échec ?

Je retournai à la Légation pour voir M. Dubail à ce sujet, ainsi que je l'avais promis aux envoyés du Maréchal. M. du Halgouët m'apprit que le Ministre était en villégiature au bord de la mer, et qu'il lui était impossible de faire quoi que ce soit en faveur du condamné, en un moment où l'Impératrice était courroucée et portée à accuser tous ceux qui s'interposeraient à l'avenir.

Je me trouvai, encore une fois, dans l'impuissance totale de secourir la victime d'une politique de rancune et de haine qu'avait suivie M. Beau dès la prise de possession du Gouvernement de l'Indo-Chine.

Toutes les secousses que je subissais depuis plus de six mois, jointes aux mauvaises nouvelles que je recevais de ma femme, m'avaient complètement abattu. Je dus, sur les conseils du docteur de la Légation, quitter Pékin où la chaleur était devenue accablante.

C'est pendant le séjour que je fis à la plage de Ching-Wang-Tao que j'appris les événements qui se déroulaient au Kwang-Si depuis mon départ. Toute la population était sou-

levée, et la plupart des centres appartenaient aux rebelles.
Les troupes impériales nouvelles, levées par le Vice-Roi de
Canton, étaient incapables de se mesurer avec les bandes
armées et dirigées par d'anciens sous-officiers des troupes
du Maréchal Sou, licenciés à l'arrivée du Tao-Taï-Tseng. Après
plusieurs mois, la province avait été à feu et à sang, et la
Cour, inquiète et toujours induite en erreur par les mandarins provinciaux, rejetait sur son ancien délégué au Kwang-
Si les responsabilités des désastres qui s'abattaient sur cette
malheureuse province, et dont la presse chinoise et européenne
parlait tous les jours. Il ne fallait plus penser pour l'instant
à sauver de l'exil celui qui, dans chaque rapport au trône,
était désigné comme le plus coupable des mandarins.

De Tcheng-Ting-Fou, je reçus une dernière lettre de lui
m'annonçant son départ définitif. Il me disait qu'il vendait
ses dernières hardes pour avoir quelque argent afin d'entreprendre ce pénible voyage qui allait durer plus de huit mois.

A soixante-deux ans, le malheureux allait subir la plus
grande des tortures morales, celle de se voir souffleter publi-
quement à chaque station, ainsi que l'ordonne la loi chinoise
pour tout exilé aux confins de l'Empire.

Chaque soir, à l'arrivée dans le village fixé, le tout-puissant
mandarin d'autrefois, celui qui avait été fêté à Hanoï par le
Gouverneur général, celui que la France avait fait commandeur de la Légion d'honneur, recevrait l'ignominieux souf-
flet des condamnés à perpétuité, et on allait voir sur les routes du Turkestan un coolie misérable casser des cailloux, la
croix de la Légion d'honneur sur la poitrine !

Sur quels griefs M. Beau s'appuyait-il pour compromettre
si gravement le prestige de la France ? Le Maréchal Sou n'a
jamais cessé d'être dévoué à notre cause.

Quand je revins à Pékin, je fus voir M. Dubail et lui rappelai ses propres paroles au sujet de l'ami de la France « qui ne
devait pas dépasser Pao-Ting-Fou et être libre avant peu. »
Je lui racontai tout ce que j'avais appris des Chinois ; comment le Gouvernement, par son entremise, à lui Ministre,
avait demandé la révocation du seul mandarin dévoué à nos
intérêts ; je lui fis connaître, puisqu'il les ignorait, les sentiments qu'avaient aujourd'hui pour notre pays, les mandarins
qui restaient les amis de celui que nos représentants avaient

abandonné, après l'avoir compromis tant de fois, et livré, par ce seul fait, à la vengeance de la Cour qui, par trois fois, deux années avant, s'était vue forcée de maintenir son délégué au Kwang-Si à la demande de la France ; enfin je ne pus m'empêcher de lui dire ce que j'avais sur le cœur depuis si longtemps, ce que je pensais des agissements de ceux qui représentaient notre patrie, et d'informer M. Dubail de mes intentions de faire savoir en France, à ceux qui, en juillet et en août 1903, s'apitoyaient sur le sort du Maréchal Sou, le croyant seulement victime de la Cour impériale, la vérité sur sa condamnation à mort.

Notre ministre crut-il que je l'attaquais personnellement pour cette affaire malheureuse ? Ce qu'il m'apprit me l'a toujours fait supposer.

Pour se disculper de l'acte que je reprocherai toujours à celui qui devait connaître notre politique en Chine, et qui ne voulut pas prendre sur lui de résister énergiquement au Gouverneur de l'Indo-Chine, M. Dubail m'assura :

« Qu'il n'était pour rien dans le rappel du Maréchal ; qu'a-
« près les télégrammes réitérés de M. Beau, qui voulait se
« débarrasser de Sou, il avait tergiversé pendant six mois
« avant de se rendre au Waï-Ou-Pou ; qu'un télégramme
« plus pressant encore du Gouverneur général était arrivé à
« Pékin, mettant pour ainsi dire le Ministre en demeure d'agir
« afin que le délégué chinois fût relevé immédiatement de son
« commandement ; qu'avant de faire une démarche aussi
« grave auprès des autorités chinoises, il en avait informé
« Paris ; que M. Delcassé lui avait répondu : « Voyez, ce que
vous avez à faire, *on sait qui l'on perd mais on ne sait qui l'on
prend* » ; enfin, que sur un dernier télégramme de M. Beau,
« qui y mettait le plus grand entêtement, il s'était vu forcé de
« se rendre au Waï-Ou-Pou pour satisfaire au désir du Gou-
« verneur général de l'Indo-Chine. M. Dubail m'ajouta :
« Qu'il ne s'expliquait pas les raisons majeures qui avaient
« fait agir M. Beau qui savait ce qu'avait fait son prédéces-
« seur, M. Doumer, pour conserver le Maréchal Sou sur les
« frontières, et qui devait se rappeler ce qu'il avait fait lui-
« même l'année précédente 1902, alors qu'il était Ministre à
« Pékin ; car, M. Beau avait dû exercer une grande pression
« sur la Cour, en février 1902, pour que Sou, appelé au com-

« mandement des troupes du Hou-Pè, revint et fût maintenu
« au Kwang-Si. »

« Que s'est-il passé chez M. Beau après qu'il eut connais-
« sance de la condamnation à mort ? Je ne puis vous le dire,
« n'en sachant rien moi-même, — souligna M. Dubail. Tout ce
« que je sais, c'est que j'ai été, de nouveau, assailli de ses
« télégrammes, me priant de le sauver à tout prix, mais il
« était bien tard. »

M. Dubail sentait la fausseté de son attitude vis-à-vis de la
Cour ; il comprenait qu'il était bien difficile au Ministre qui
avait demandé le rappel du Maréchal, de faire des démarches
pressantes en sa faveur ; le Waï-Ou-Pou était fixé sur l'effi-
cacité de la protection qu'accordait le Gouvernement français à celui dont il n'avait plus voulu trois mois auparavant.

Puis notre Représentant me raconta la démarche qu'il fit
auprès du Prince Tching, après qu'il eut reçu l'envoyé du
condamné, qui lui avait remis la croix de Commandeur. « J'ai
« toujours protesté, me dit-il, chaque fois qu'il s'est agi de
« décorer un Chinois, mais le Ministère n'a jamais pris garde
« à mes protestations, et voyez ce qui est arrivé ; *c'est fort
« désagréable pour un Ministre.* »

Ensuite, il me parla de l'entourage de M. Beau, au Ton-
kin et du rapport qu'il avait adressé contre le Consul Dau-
tremer demandant pour cet agent une punition exemplaire.
« C'est à l'instigation de Hardouin et de Dautremer que
« M. Beau a demandé la révocation de Sou, conclut notre
« Ministre. »

Et il termina cet entretien en m'affirmant encore qu'il
n'était « dans cette affaire des plus regrettables que *l'agent
transmetteur* d'ordres reçus. »

Le 24 novembre, M. Cazenave, de retour à Pékin, me
renouvelait le désir qu'il avait de m'aider à Paris, pour que
mes affaires de règlement aboutissent rapidement, et pour que
toutes les injustices dont j'étais victime fussent réparées. Il
rentrait en effet, en France, et, sur son conseil, j'écrivis à
M. Doumer, pour le prier de bien vouloir lui réserver un bon
accueil et l'appuyer dans les démarches qu'il allait tenter
aux Ministères.

Ma lettre recommandée partit le 27 novembre.

Le mois suivant, j'étais avisé par les journaux qu'un crédit de 1.130.000 francs était demandé par le Gouvernement au Parlement, pour le remboursement à l'Indo-Chine des frais occasionnés par le soulèvement des boxeurs. L'exposé des motifs du projet de loi indiquait la raison de cette dépense :

« Cette somme est destinée à permettre de dédommager « l'Indo-Chine des pertes matérielles qui lui ont été occasion-« nées par les événements dont la Chine a été le théâtre au « cours des années 1900-1901.

« Les événements ont eu en effet dans notre grande colo-« nie d'Extrême-Orient un contre-coup sensible. Tout d'abord, « le Maréchal Sou, commandant en chef des troupes du « Kwang-Si, s'est vu dans l'impossibilité d'assurer le paie-« ment et la solde des hommes placés sous ses ordres, et a « fait appel au concours de l'Indo-Chine pour assurer ce ser-« vice. Le Gouvernement consulté a pensé qu'il était con « forme à nos intérêts de répondre à cet appel, et, avec son « autorisation, la colonie a fait l'avance à l'administration « militaire du Kwang-Si d'une somme de 200.000 piastres, « soit au taux du jour 500.000 francs, remboursables à titre « d'indemnité de guerre.

« La différence entre cette somme et la somme réclamée « s'appliquera aux missions techniques envoyées au Yunnan, à « la réfection de la route de la vallée de Tien-Chien, etc., etc.

« Ces dépenses étant la conséquence des événements de « Chine un prélèvement d'égale somme sera opéré à fin « d'exercice, sur le produit de l'emprunt de 265 millions. »

En outre il était question dans plusieurs journaux d'un remboursement pour fourniture de riz, des troupes du Kwang-Si, etc.

Ce projet de loi, déposé en novembre, pouvait être voté vers la fin de l'année, et j'espérais en avoir des nouvelles soit par le Ministère, soit par M Cazenave. Je pensais, en effet, que ce crédit supplémentaire visait ma réclamation, car aucune autre avance n'avait été faite par l'Indo-Chine en dehors des 200.000 piastres dont j'ai parlé (1).

----

(1) A mon retour en France, on me remit, aux archives de la Chambre des députés, le n° 2017, annexe au procès-verbal de la séance du 28 octobre 1904 (A. n° 69, page 70).

ANNÉE 1905

Le 18 janvier 1905, M. Dubail ne m'avait encore donné aucune nouvelle de ma réclamation, renouvelée six mois auparavant ; je lui en rappelai par lettre le montant, et attirai son attention sur ce fait, que chaque mois de retard apporté au règlement de mon compte entraînait une augmentation due aux intérêts relativement élevés, des sommes primitives.

En m'accusant réception de cette lettre, ce même jour, le Ministre de France me transmit la médaille coloniale, au titre militaire, que le Ministre de la Guerre m'avait conférée pour mes services rendus pendant la colonne de Caobang, au Tonkin, en juin 1901 (A. n° 71, page 72).

Quelques jours après, me rendant à la Légation, il m'assura n'avoir rien reçu de plus me concernant. Je profitai cependant de cette visite pour faire remarquer à M. Dubail les difficultés que me créait le retard inexplicable que mettait le Ministère à répondre aux lettres transmises par la Légation, car je me trouvais forcément obligé de veiller à la conservation des immeubles que j'avais construits au Kwang-Si, et de payer l'entretien d'un personnel préposé à leur garde, alors que je n'avais plus, — grâce à M. Beau, — aucune situation dans la province.

Le Ministre, tout en regrettant de ne plus avoir de Consul à Longtchéou, à qui il pût en confier la responsabilité, m'apprit que ces immeubles lui avaient été réclamés par les Chinois, mais qu'il ne pouvait aborder avec eux cette question particulière sans avoir, au préalable, reçu les instructions du Département qu'il attendait, du reste, incessamment. Il avait eu connaissance également, par les journaux de France, de la demande du crédit faite par le Gouvernement aux Chambres et il espérait, me disait-il, pouvoir me donner une solution prochaine.

J'étais donc porté à croire que mon règlement n'était plus qu'une affaire de quelques semaines, et je songeais à ma rentrée en France auprès des miens qui avaient tant besoin de ma présence, quand, de Paris, je reçus une nouvelle qui me surprit autant qu'elle m'indigna.

J'apprenais qu'on m'avait accusé au Ministère des Affaires Étrangères, d'avoir soustrait ou fait soustraire par des moyens déshonnêtes, au Consulat de Longtchéou des documents m'intéressant (?). Que cette accusation était inscrite à mon dossier en même temps que celle d'avoir détourné une partie des sommes versées au Maréchal par l'Indo-Chine, etc., et que le Département, au lieu d'être disposé à régler l'affaire que j'avais en suspens, s'appuyait au contraire sur toutes ces accusations pour écarter ma demande en règlement, ou tout au moins pour se décharger des responsabilités qui lui incombaient de par l'engagement officiel pris vis-à-vis de moi par le Consulat de Longtchéou et le Gouvernement général de l'Indo-Chine.

Le 4 février, je courus à la Légation remettre une lettre de protestation à M. Dubail en le priant de la transmettre à Paris.

Mais, que pouvais-je espérer d'un Ministère qui, depuis 1902, n'avait voulu faire droit à aucune de mes demandes ?

Je ne pouvais cependant quitter Pékin pour Paris, puisque le représentant de mon Gouvernement m'annonçait et avait annoncé à une tierce personne l'arrivée prochaine d'une réponse du Département, qui aurait pu me croiser en route, et je pensais toujours que ma présence était indispensable à Pékin, pour produire mes documents et surtout ceux chinois, si cela devenait nécessaire, où là, seulement, ils pouvaient efficacement être contrôlés par le Gouvernement chinois.

M. Cazenave, qui m'avait formellement promis de m'aider en France, concurremment avec M. Doumer, était à Paris ; il pouvait prendre ma défense, lui qui avait vu mon dossier à Hanoï et qui m'avait avoué « n'avoir jamais vu, dans toute sa carrière de diplomate, une pareille injustice. » Je lui télégraphiai donc pour qu'il se souvînt de sa promesse et j'attendis encore.

Ces dernières nouvelles, avec celles que j'avais de ma femme dont l'état ne s'améliorait toujours pas, n'étaient point pour remettre ma santé ; je tombai sérieusement malade et restai un mois au lit.

Enfin, le 1er avril, ne recevant rien, je m'enquis auprès d'hommes de loi de ce que j'avais à faire pour activer la solution dont le retard me tuait positivement, et le 4 avril, j'adressai au Ministre de France la lettre suivante :

Pékin, le 4 avril 1905.

Monsieur le Ministre,

« A la date du 5 *août* 1903, j'ai eu l'honneur de vous adres-
« ser, par l'entremise du Consulat de Longtchéou, une récla-
« mation à l'effet d'être remboursé des avances que j'ai faites
« depuis plusieurs années au Gouvernement chinois au Kwang.
« Si, et d'être payé des appointements qu'il me doit depuis
« l'année 1898, de par mon contrat dûment signé par son délé-
« gué officiel, l'ex-maréchal Sou.

« *Le 9 septembre* 1903, vous me faisiez connaître que vous
« transmettiez ma réclamation au Département des Affaires
« étrangères.

« Au mois de *février* 1904, après avoir écrit directement à
« Paris pour savoir quelle suite était donnée à la transmis-
« sion ainsi faite par vous, monsieur le Ministre, je reçus du
« bureau politique du Département la communication sui-
« vante :

(Le Directeur du Cabinet a appelé l'attention de la direction politique sur une réclamation formulée par M. Bertrand
contre le Gouvernement chinois.

De la correspondance échangée avec M. Dubail, il ressort
que si nous saisissons maintenant le Waï-Ou-Pou de cette
question de règlement, notre démarche risque de compromettre la libération définitive du Maréchal Sou, sollicitée par
nous, en réveillant les animosités du Gouvernement impérial).

« Or, au mois de *septembre* 1901, déjà le Gouvernement
« français, par la voix de son représentant à Longtchéou,
« m'empêchait, — dans mon propre intérêt, — de provoquer
« le règlement de mon compte avec les Chinois et m'obligeait
« à rester en Chine alors que je désirais quitter le Kwang-
« Si. Il alléguait que ma présence était plus que jamais néces-

« saire, indispensable même, sur les frontières du Tonkin,
« et que le moment n'était pas opportun pour demander mon
« règlement, etc.

« Au mois de *mai* 1904, après que vous eûtes télégraphié
« au Gouvernement général de l'Indo-Chine que le Maréchal
« Sou avait la vie sauve et était libre, et sur les conseils de
« M. le Gouverneur général Beau, je vins à Pékin pour hâter
« le règlement de mes affaires.

« Dès mon arrivée, le 27 *juin* 1904, et après que votre secré-
« taire eut pris connaissance, sur votre ordre, de toutes les
« pièces de mon dossier justifiant le bien fondé de ma récla-
« mation, vous m'avez invité, monsieur le Ministre, à renou-
« veler la réclamation que je vous avais adressée le 5 août 1903,
« un an auparavant, afin que vous la transmettiez de nouveau à
« Paris pour avoir des instructions du Département.

« De cette date, et à différentes reprises, j'eus l'honneur
« d'appeler votre attention sur le préjudice très grand qu'en-
« traînait le non règlement de mon affaire, car, non seulement
« les intérêts relativement élevés viennent s'ajouter aux som-
« mes principales dues, mais encore d'autres dépenses néces-
« sitées pour l'entretien des bâtiments de Pinh-Shiang au
« Kwang-Si, et le paiement du personnel préposé à leur garde.

« C'est ainsi que le chiffre total des sommes qui me sont
« dues à avril 1905, atteint 429.000 piastres.

« Depuis le mois de juin dernier, chaque fois que je me
« présente à la Légation pour avoir des nouvelles de mon
« règlement, vous me répondez, monsieur le Ministre, que
« vous attendez toujours les instructions du Département.
« Là se bornent tous les renseignements que j'ai depuis dix
« mois.

« Voici quatre ans que je cherche à être réglé des sommes
« qui me sont dues, et que le Gouvernement français et ses
« représentants me donnent des prétextes différents à des
« époques différentes pour ajourner ou reculer la solution de
« mon affaire.

« Depuis vingt mois, ma réclamation est entre vos mains.

« Enfin, voilà près d'un an que j'attends à Pékin les ins-
« tructions que vous avez demandées il y a dix mois. Je ne
« puis attendre plus longtemps.

« Vous savez mieux que personne les devoirs impérieux
« qui me réclament en France auprès de ma famille et de ma

« femme malade, je n'ai point besoin de vous les rappeler ici.

« M. Beau, en me conseillant de monter à Pékin, m'a affirmé
« que, là seulement, mes affaires seraient réglées et pouvaient
« être rapidement terminées par vos soins ; or, il y a de cela
« dix mois, et je ne suis pas plus avancé qu'au premier jour.

« Une dernière fois, je vous prie, monsieur le Ministre, de
« me faire connaître si les instructions que vous avez deman-
« dées à Paris sont arrivées à Pékin, ou en cours de route.
« Au cas où vous n'auriez encore reçu aucun avis, je vous
« prie à nouveau et instamment de câbler pour obtenir une
« réponse.

« Dans le cas où je ne recevrais aucune nouvelle d'ici à la
« semaine prochaine, j'ai l'honneur de vous prévenir, qu'aus-
« sitôt rétabli, je descendrai à Tien-Tsin remettre mon dos-
« sier complet entre les mains de MM. Mounsay et Kent,
« avocats qui m'ont été désignés.

« Je vous prie, etc.....

Signé : G. BERTRAND.

Le jour même, M. Dubail m'en accusait réception (A. n° 70
page 72) et m'informait qu'il la transmettait à Paris, comme il
l'avait fait pour mes lettres précédentes.

A cette même époque, arrivait à Pékin le représentant d'un
syndicat minier français, ayant une concession dans la province chinoise de Fou-Kien.

Cet agent, qui réclamait au nom de ses mandants une
indemnité de 1.250.000 dollars au Gouvernement chinois, pour
des raisons dont je ne parlerai pas ici, avait été adressé à
M. Dubail par un Ministre de l'Intérieur très intéressé à ce
qu'une solution intervînt en faveur du syndicat dont il faisait
partie.

Le Ministre de France, saisi de la réclamation, avait promis
tout son concours, et M. C... s'était installé à Pékin en attendant que les démarches entreprises par la Légation de France
aboutissent.

Qu'allait faire l'agent de la République, qui se vantait d'être
l'ami « d'E... », de qui il avait reçu un télégramme tout spécial pour cette réclamation qui, cependant, était loin d'être
aussi fondée que celle adressée par moi deux années auparavant?

Allait-il la garder aussi pour son successeur « dans un tiroir *ad hoc*, avec celles qui l'ennuyaient » ainsi qu'il se plaisait à le dire à ses invités français et étrangers ?

Tout d'abord M. C..., recommandé par le Ministre de l'Intérieur, fut plus heureux que moi, en ce sens, qu'il fut bien reçu par notre Ministre plénipotentiaire « bien que ses principes « s'opposent à recevoir à sa table quiconque de ses natio- « naux a une réclamation en suspens contre le Gouvernement « auprès duquel il est accrédité », argument qu'il avait servi trois mois auparavant à quelqu'un qui s'étonnait de ma mise à l'écart de toute réunion française.

Quelques jours après, l'agent du syndicat minier réunissait à l'hôtel des wagons-lits tous les membres de la Légation, y compris le Ministre, et je pus me convaincre, de loin, de l'entente cordiale qui régnait entre eux.

Avec d'aussi bonnes relations et d'aussi puissants appuis, M. C... pouvait espérer une prompte et favorable solution du Gouvernement chinois.

Deux mois après, cependant, j'appris que l'agent dudit syndicat rentrait en France, assez mécontent de n'avoir obtenu, pour toute satisfaction, qu'une prolongation de deux ans du contrat de concession qui était expiré.

Que s'était-il passé entre lui, la Légation et les Chinois, pour cette réclamation de 1.250.000 dollars ?

Ne connaissant pas cet ingénieur, je ne pus avoir de lui aucun renseignement ; je le sus plus tard, et par hasard, — ainsi qu'on le verra plus loin, — alors que M. C... était déjà en France.

Jusqu'au mois de juillet de cette année 1905, je conservai des relations avec les quelques amis du Maréchal restés à Pékin et à Tien-Tsin. Nous pensions toujours qu'il n'atteindrait pas le Sinn-Kiang et qu'il serait libéré avant. Le Vice-Roi Yuen-Chi-Kaï, le plus puissant mandarin du Nord de la Chine, avait fait faire une collecte, afin de réunir la somme nécessaire réclamée par l'Impératrice à l'ex-délégué du Kwang-Si dont la famille, de son côté, venait de vendre toutes ses propriétés, tous ses biens, pour obtenir la grâce de l'exilé. Nous gardâmes cet espoir jusqu'au jour où la Cour reçut l'argent, sans cependant vouloir libérer mon ancien chef qui

continua son triste voyage. C'est en vain, que tous ses amis
usèrent des hautes influences dont ils disposaient ; malgré
tous leurs efforts, ils ne parvinrent pas à fléchir la volonté de
l'Impératrice. A l'heure où le Maréchal était à sa merci, elle
se souvenait que la France l'avait par trois fois contrainte de
garder le Maréchal au Kwang-Si, et obligée à le nommer son
plénipotentiaire à Kwang-Tchéou-Wang.

Mais si la Douairière donnait libre cours à sa rancune, les
mandarins dévoués au Maréchal allaient, de leur côté, faire
payer cher aux Français les déceptions et les ennuis de toutes sortes que leur avait causés la conduite de la France
envers leur ami. Jusqu'en mai dernier, Yuen-Chi-Kaï lui-
même avait pu espérer un bon mouvement de notre patrie
envers celui auquel il s'intéressait, mais depuis, tous avaient
vu l'indifférence marquée de l'agent de la République, et
l'abandon par la France de son protégé.

Pendant que M. Beau, dans les cercles officiels qui le recevaient à Paris, préconisait une politique d'association pour
l'Indo-Chine et les provinces chinoises limitrophes de notre
possession en Asie, et qu'il donnait aux représentants de la
presse qui venaient lui demander son avis sur la situation
politique en Extrême-Orient, des interviews dans le genre de
celui-ci :

« M. Beau estime qu'il faut se garder de commentaires plus
ou moins logiques sur les conséquences de la guerre Russo-
Japonaise, mais il considère que l'inconnu redoutable est la
Chine. Une politique amicale, des services réciproques et de
bon voisinage est facile à pratiquer entre deux pays comme
la France et la Chine, qui ont tant d'intérêt à s'entendre.

La France n'est-elle pas un des meilleurs clients de la Chine
avec les 200 millions de soie qu'elle lui achète chaque année. »
M. Beau dit en terminant: « J'ai donc confiance dans le maintien et le développement des bonnes relations qui existent
entre les deux pays. »

(Le Journal, 22 septembre 1905).

les mandarins chinois, eux, ne péroraient point et ne se
payaient pas de mots, ils agissaient, et nullement dans le
sens qu'indiquait le Gouverneur général de l'Indo-Chine.

Sachant ce que valait l'amitié de la France pour ceux qui
servaient sa politique, et précisément celle de son représentant
au Tonkin depuis la disgrâce de leur ami, une convention

tacite s'établit entre les officiels des provinces frontières et ceux du nord, à l'effet de contrecarrer les vues que pourrait avoir notre pays sur ces provinces et de faire échouer toutes les entreprises françaises en Chine.

Les mandarins du Yunnan et du Kwang-Si furent particulièrement avisés de n'avoir que des relations strictement nécessaires, indispensables, avec les autorités françaises du Tonkin, et recommandation fut faite, de ne point suivre les errements du Maréchal Sou qui s'était compromis en faisant des visites aux Français, et qui avait payé de sa liberté et de sa situation son amitié pour eux.

Puis, pour répondre sans doute aux sentiments que professait M. Beau pour celui qui avait été dévoué à nos intérêts pendant si longtemps, les autorités chinoises décidèrent le Pouvoir Central à envoyer des troupes instruites à l'européenne et commandées par un chef hostile à notre politique.

Peu de temps après, un ancien Consul au Japon était nommé commissaire impérial des frontières ; il prenait un conseil japonais, des instructeurs japonais, des docteurs et ingénieurs de même nationalité pour le seconder dans l'œuvre de réorganisation de la province du Kwang-Si, autrefois placée dans la zone de l'influence française en Chine, afin de prévenir toute velléité d'intrusion des voisins tonkinois.

Enfin, un mois après que M. Beau eut affirmé, à Paris, qu'une politique amicale et des services réciproques étaient faciles à pratiquer entre la France et la Chine, un décret impérial paraissait, qui lui donnait le démenti le plus catégorique.

Ce décret interdisait aux Vice-Rois et Tao-Taïs des provinces du Tchely et du Kiang-Nann de laisser les Français recruter des coolies pour leurs travaux du chemin de fer du Yunann.

M. de T..., représentant cette Société et trois chefs de section qui étaient venus à Shang-Haï dans ce but, eurent connaissance du document qui parut d'ailleurs dans les journaux de Chine.

Et ces hostilités à l'égard des Français, qui sautent aux yeux de tous les résidents étrangers en Chine, ne feront que s'aggraver, car elles ne sont que le commencement d'une politique qui s'affirmera désastreuse dans l'avenir.

Oui, l'inconnu redoutable, c'est la Chine ; M. Beau l'a fort bien dit, le 21 septembre dernier au représentant de la *Petite Gironde*, mais ce n'est pas en trahissant un haut fonctionnaire chinois, un « Kong-Pao » qui portait la robe impériale, comme gardien de l'héritier présomptif, pour la seule satisfaction d'une haine personnelle pour son prédécesseur et pour ses collaborateurs, qu'il a attiré des sympathies à notre pays. Il lui a suscité des haines implacables et qui, plus est, car il a fait « perdre la face » à notre pays, il a voué la France au mépris de la haute classe chinoise. Nous saurons plus tard ce qu'il nous en coûtera pour reconquérir le prestige que nous avons perdu, si jamais nous y parvenons.

Le 10 juillet, ayant reçu une invitation à me présenter à la Légation pour affaire me concernant, je m'y rendis le surlendemain. Le Ministre de France, après m'avoir annoncé qu'il avait, enfin, reçu une réponse du département au sujet de ma réclamation, me donna lecture des deux dépêches ministérielles concluant l'une et l'autre « au rejet pur et simple de ma demande fournie en vue d'être remboursé et payé des sommes dues par les Chinois et le Maréchal Sou. »

Assez surpris d'une semblable réponse, je priai M. Dubail de m'en faire remettre au moins copie, mais il s'y refusa, alléguant, « que les règlements s'opposaient à ce qu'un ministre donnât copie, voire même communication *de visu* des dépêches intéressant un particulier ; que son rôle se limitait à faire connaître, à l'intéressé, le sens de ces dépêches, seulement, et rien de plus. »

Je ne pus obtenir davantage du représentant de la France, et ma réclamation reste encore sans réponse officielle écrite.

De la lecture des deux documents que mon Ministre consentit à me faire et dont ma mémoire, seule, garde le souvenir, il ressort de la dépêche émanant du département : 1° que le Ministère des Affaires étrangères ne peut prendre en mains la réclamation que j'ai adressée, attendu que, le Gouvernement chinois n'ayant passé directement avec moi aucun contrat, ne peut être rendu responsable des sommes qui me sont dues par son ex-délégué au Kwang-Si, le Maréchal Sou ; que le Ministère ne voit aucun moyen de l'y contraindre ; que je ne puis me prévaloir de la lettre officielle du Consulat de Longtchéou du 30 septembre 1901, pour obliger le Ministère d'intervenir en l'occasion, attendu qu'elle ne m'a été adressée que pour me donner un appui moral auprès des Chinois ; que le Ministère des Colonies consulté, m'a réglé par un mandat de 10.000 piastres la partie des frais que je réclamais et qui lui incombait ; que dans ces conditions, ma réclamation ne devient plus qu'une simple affaire de particulier du ressort de la Cour mixte ; qu'il me laisse la liberté d'attaquer l'ex-Maréchal Sou devant ce tribunal.

2° De la dépêche émanant du Ministère des Colonies ; que les services matériels que j'ai rendus à l'Indo-Chine et dont la Colonie a profité sont incontestables ; que les nombreux déplacements que j'ai faits au Tonkin et les réceptions données à mes compatriotes au Kwang-Si dans l'intérêt des deux pays, sont reconnus, mais que j'ai reçu pour ces dépenses un mandat de 10.000 piastres représentant la moitié des sommes que je réclamais à l'Indo-Chine ; que, d'autre part, j'ai, de par ma situation auprès du Maréchal Sou, profité des avantages qui avaient été accordés à mon ancien chef ; que, par conséquent, la Colonie de l'Indo-Chine se trouve quitte envers moi.

Telles sont, autant que je puis m'en souvenir, les conclusions des deux Ministères qui m'ont été *lues* par le Ministre de France.

Le Ministère des Affaires étrangères m'avait fait attendre vingt-trois mois pour me dire :

Qu'il me laissait la liberté d'attaquer l'ex-maréchal Sou, seul responsable des sommes dues, devant une cour mixte chinoise et française, soit à Chang-Haï, soit à Tien-Tsin, alors que, par les manœuvres inavouables de ses représentants à Hanoï et à Pékin, l'ex-délégué du Gouvernement chinois au Kwang-Si avait été ruiné et condamné à l'exil perpétuel, et qu'il se trouvait, à la date où le Département libellait cette réponse, aux frontières du Turkestan chinois, à huit mois de marche d'une cour mixte !

Le Ministre des Colonies, lui, m'apprenait aujourd'hui, seulement, que *le mandat de 10.000 piastres touché avant mon départ de Hanoï pour Pékin, réglait les sommes que l'Indo-Chine avait reconnues me devoir sur celles que je lui avais*

réclamées (?) pour mes déplacements et mes réceptions, et trou-
vait que la Colonie et le Gouvernement français étaient quittes
de tout envers moi !

Or, à aucune époque de ma vie, je n'ai réclamé un centime
à la Colonie ou à la France que j'ai servie au Kwang-Si pendant dix ans. Sur quel document s'était donc basé le Ministère des Colonies pour prétendre que cette somme de dix
mille piastres représentait la moitié de celles « que j'avais
réclamées à l'Indo-Chine », si ce n'est sur un rapport adressé
par son représentant en Indo-Chine.

Jusqu'à ce jour, je n'avais pu croire qu'un Gouverneur
général et son Chef de Cabinet, qui m'invitaient à toucher le
mandat délivré d'après eux pour me permettre de me rendre
à Pékin afin de régler mes affaires, eussent été capables de
me tromper aussi indignement ; la réponse verbale que venait
de me faire M. Dubail, me fixait, une fois de plus, sur la
loyauté des représentants de ma patrie en Extrême-Orient.

Ainsi M. Beau, Gouverneur général de l'Indo-Chine, après
avoir consommé la ruine du Maréchal Sou, par satisfaction
personnelle et m'avoir fait perdre ma situation en Chine ;
après m'avoir calomnié à ceux qui, comme de T..., agent de
la Compagnie du Yunnan au Tonkin, voulaient se servir de
mes aptitudes, de mon expérience au Kwang-Si et de mon
entremise pour recruter des coolies et des ouvriers, avait
encore essayé de me ruiner en essayant de me faire signer
un reçu de 10.000 piastres pour solde de tout ce que l'Indo-
Chine me doit *pécuniairement et moralement!*

Son secrétaire n'avait pas hésité à me jurer que ces dix
mille piastres ne m'étaient avancées que par faveur spéciale
de son chef, à me donner sa parole d'honneur que la décision
me les accordant ne visait nullement les sommes qui m'étaient
dues, et à m'engager à toucher ce mandat « sans arrière-
pensée » !

Comme je me félicitais alors d'avoir eu la prudence d'ac-
quitter le mandat présenté, *sous toutes réserves des sommes*
dues !

Devant la mauvaise foi de ces fonctionnaires, il ne restait
plus qu'à porter ma réclamation à Paris, devant une juridiction compétente et honnête. C'est dans ce sens que j'écrivis
le 17 juillet, à M. Dubail, en le priant de transmettre ma

lettre au Département des Affaires étrangères (A. nº 71, p. 72).

Cette réponse des Ministères laissant en suspens la solution de mon règlement avec les Chinois, la question des constructions et installations que j'avais faites de mes deniers au camp de Pinh-Shiang s'imposait plus que jamais.

Je ne pouvais, en effet, conserver un personnel pour garder, réparer et entretenir des constructions que je ne pouvais ni habiter à l'avenir, ni vendre à des particuliers, puisque, de par les règlements chinois, les étrangers ne peuvent séjourner sur un terrain militaire à proximité d'un camp retranché.

Puisque le Ministre de France m'avait déjà fait connaître, l'année précédente, l'intention des Chinois d'entrer en possession de ces immeubles, il était donc tout naturel qu'il abordât cette question avec eux. Je l'en priai donc, et à sa demande, je lui remis le dossier détaillé des dépenses faites par ordre des Délégués chinois au Kwang-Si, depuis 1899, avec toutes les factures des commerçants français fournisseurs des matériaux et mobilier, afin qu'il pût transmettre au Waï-Ou-Pou la demande en remboursement pour ces constructions et installations (A. nº 72, page 76).

J'attendais le résultat des démarches de M. Dubail quand je reçus de l'agent consulaire de Longtchéou, une lettre datée du 18 juillet enregistrée sous le nº 173, m'informant que « le « successeur du Maréchal Sou, lui ayant exprimé son inten- « tion d'occuper la maison qui m'avait été affectée par l'ex- « délégué du Gouvernement Chinois au Kwang-Si, lui, agent « consulaire, me demandait de lui indiquer comment je dési- « rais qu'il fût procédé à cette opération et s'offrait également « de me faire donner satisfaction. Il terminait sa lettre en me « priant de lui faire connaître mes « desiderata » ainsi que la « nature de mes droits afin qu'il pût veiller à la sauvegarde « de mes intérêts. »

Le 10 août, date de la réception de cette lettre de Long- tchéou, j'en remis une copie à M. Dubail en protestant contre les intentions du successeur du Maréchal d'occuper une maison m'appartenant, puisque sa construction et son installation avaient été payées par moi, sans que mon ancien chef m'eût remboursé, comme le prouvaient les factures de mon dossier.

Le Ministre de France, muni de la lettre de son agent con- sulaire « qui venait à point » ainsi qu'il me le dit, me promit d'activer les pourparlers qu'il avait déjà engagés à ce sujet. D'autre part, par ma lettre du 12 août, je fis connaître au Consulat français tous mes droits sur les immeubles de Pinh-Shiang.

L'été de Pékin me fatiguait, je repartis au bord de la mer où je restai un mois.

Je revins à Pékin, le 1er septembre. Trois jours après, un de mes amis chinois, que j'avais chargé de suivre mon affaire au Waï-Ou-Pou, vint me trouver et me donner des nouvelles de ma réclamation, présentée par M. Dubail, pour le remboursement des sommes dépensées aux constructions des immeubles du Kwang-Si.

Je traduis en français le résumé de cette conversation ?

D. — Quelles sont les nouvelles ?

R. — *Pendant votre absence, j'ai suivi votre affaire, mais je n'ai pu arriver à aucun résultat. Votre Ministre a transmis au Waï-Ou-Pou une demande à l'effet de vous faire payer une somme de 15.789 piastres pour le mobilier qui existe dans la maison de Pinh-Shiang, mais il n'a parlé, ni des constructions, ni de l'entretien des immeubles. Vous m'aviez remis le montant des dépenses que vous aviez faites et qui s'élève avec les intérêts à 39.649 taëls ; le Ministre de France n'en réclamant pour vous que 10.000 taëls, j'avais été assez intrigué et surpris, mais après enquête, je sus que la lettre adressée par lui au Waï-Ou-Pou, n'était « que pour la frime » attendu qu'il s'était déjà arrangé avec Lien-Fang pour la réponse à faire à cette lettre. Quand vous verrez votre Ministre, il vous donnera communication de la décision du Waï-Ou-Pou qui est exactement ce que M. Dubail a dicté à Lien-Fang. Le Waï-Ou-Pou vous répondra « qu'il a déjà réglé au Maréchal toutes les dépenses des immeubles construits au Kwang-Si, et que si vous avez quelque chose à réclamer c'est à l'ex-délégué du Kwang-Si qu'il faut vous adresser, car, seul, il est responsable des dépenses que vous avez engagées. »*

Je ne pouvais en croire mes oreilles. Ce que me disait mon ami, était, presque textuellement, ce que m'avait répondu le Département des Affaires étrangères deux mois auparavant par la voix de M. Dubail. Qui pouvait avoir donné connaissance de cette dépêche ministérielle ?

D. — Mais dans quel but, mon Ministre aurait-il « dicté » cette réponse à Lien-Fang?

R. — Dans le seul but de se débarrasser de votre affaire qui l'ennuie, sans doute, comme il l'a fait, du reste, pour bien d'autres.

D. — A-t-il donc l'habitude d'user de ces moyens ?

R. — Vous savez l'amitié qui unit Dubail à Lien-Lang, ce dernier en profite naturellement pour lui faire croire que l'impératrice lui sera des plus reconnaissante du désintéressement qu'il montre dans les affaires de réclamations et autres, au moment où tous les Ministres européens à Pékin mettent le plus d'activité, le plus d'acharnement pour obtenir du Gouvernement chinois des avantages pour les puissances qu'ils représentent, et des concessions pour leurs nationaux.

Ainsi, la dernière réclamation présentée par votre Ministre était pour un syndicat minier du Fockien; eh bien! Lien-Fang appelé à la Légation de France, s'entendit avec M. Dubail, et au lieu d'une indemnité à accorder, il fut convenu entre eux deux que le Gouvernement chinois ne consentirait qu'à une prolongation du contrat de concession de deux années.

D. — Mais, cependant, j'ai entendu dire que plusieurs démarches avaient été faites au Waï-Ou-Pou au sujet de cette réclamation de 1.250.000 piastres; que l'interprète de la Légation s'était rendu à plusieurs reprises au Ministère chinois pour qu'une solution favorable intervienne, il a donc été question de cette indemnité au Waï-Ou-Pou même ?

R. — Certainement, l'interprète Blanchet a même discuté l'affaire, mais, encore une fois, c'était « pour sauver la face » car la décision était prise par Dubail et Lien-Fang bien avant le commencement des pourparlers officiels.

S'il en avait été ainsi pour la société minière du Fockien, dont un Ministre de l'Intérieur, M. É... était commanditaire, il pouvait se faire, en effet, que M. Dubail eût « arrangé » mon affaire de la même façon, je devais bientôt être fixé.

Le lendemain de cette visite, en me rendant à la Légation, je passai chez une personnalité française de Pékin à qui je racontai, sans qu'elle s'en trouvât surprise, l'entretien de la veille ; puis, une heure après, je me présentai devant M. Dubail.

« Vous arrivez à propos, me dit notre Ministre, j'ai précisément reçu la réponse du Waï-Ou-Pou au sujet des immeubles du Kwang-Si, je vais vous la lire. »

Et, en effet, il me lut ce que je savais depuis deux jours par mon ami chinois.

Devant une telle impudence, je ne sais encore comment j'ai pu maintenir ma colère. Mais, qu'aurais-je pu faire contre le représentant de ma patrie, maître absolu de tous les Français en Chine?

Je ne voulais ni m'exposer à être arrêté, ni donner prétexte pour que le Ministre fît faire une perquisition chez moi et pût être en contact avec les pièces originales de mon dossier.

Je me contentai de réclamer à cet excellent homme les états des dépenses que je lui avais remis.

Puis, je quittai cette Légation.

Enfin, après avoir adressé les lettres suivantes au Ministre de France, je laissai Pékin, pour rentrer dans ma patrie, dans l'espoir de trouver enfin justice.

Tien-Tsin, le 2 octobre 1905 (recommandé).

Monsieur le Ministre,

« En réponse à la communication que vous m'avez faite du
« refus par le Waï-Ou-Pou de me payer la construction et
« l'installation de la maison de Pinh-Shiang qui m'ont été
« ordonnées par le délégué du Gouvernement impérial, le
« Maréchal Sou, lequel ne m'a réglé aucune des factures
« que vous avez eues entre les mains, comme il ne m'a payé
« ni mes appointements, ni la fourniture du riz faite aux
« troupes impériales du Kwang-Si en 1900-1901, ni rendu les
« sommes que je lui avais avancées, j'ai l'honneur de vous
« faire connaître que je conserve ladite maison, située à Pinh-
« Shiang, à la porte du camp retranché de Lien-Cheng,
« laquelle restera ma propriété jusqu'au complet paiement
« des sommes qui me sont dues, et dont l'entretien et la
« garde, à raison de 100 piastres par mois, s'ajouteront au
« montant de ma réclamation formulée le 5 août 1903, et
« renouvelée le 27 juin 1905.

« Le Département des Affaires étrangères me mettant dans
« l'obligation de rentrer en France pour porter devant la

« juridiction compétente cette affaire de réclamation, à
« laquelle il a répondu le 12 juillet dernier par une fin de
« non-recevoir, j'ai également l'honneur de vous faire con-
« naître que je laisse l'immeuble de Pinh-Shiang et tout ce
« qu'il contient, suivant inventaire que vous avez en mains,
« ainsi que le personnel préposé à sa garde et qui est isolé
« d'une journée de tout centre européen, sous votre entière
« responsabilité.

« Je vous prie, etc...

G. BERTRAND.

Pékin, le 12 octobre 1905 (recommandé).

Monsieur le Ministre,

« Avant de quitter Pékin pour Paris, j'ai l'honneur de vous
« confirmer ma lettre de Tien-Tsin du 2 de ce mois, au sujet
« de ma maison de Pinh-Shiang, et de vous faire connaître le
« montant total de ma réclamation qui s'élève aujourd'hui à
« la somme de 450.000 taëls, représentant toutes les sommes
« dues par le Gouvernement chinois et son ancien délégué
« officiel au Kwang-Si : l'ex-Maréchal Sou.

« Je vous prie, etc...

G. BERTRAND.

CONCLUSIONS

J'ai passé vingt années de ma vie en Extrême-Orient, je me suis toujours appliqué à faire connaître ma patrie aux mandarins et aux indigènes des contrées que j'ai habitées, et à défendre les intérêts français.

Pendant dix ans, je suis resté au Kwang-Si, province chinoise, frontière de notre grand empire indo-chinois, dans les conditions que l'on sait, en rendant à mon pays des services que les autorités françaises qualifiaient officiellement d'exceptionnels, — car elles reconnaissaient que ma présence, seule, dans cette province, épargnait au Gouvernement français des sacrifices d'argent considérables pour des colonnes qu'il aurait été dans l'obligation d'organiser contre des bandes pirates qui pullulaient sur les frontières, et, aussi, le sang de mes compatriotes, — sans être ni officier, ni fonctionnaire du gouvernement de la République.

J'ai contribué, pour la plus large part, à la pacification des frontières françaises d'abord, et au développement de notre influence en Chine, ensuite, et j'étais arrivé à faire de cette province méridionale une dépendance effective de notre colonie, grâce à l'appui de M. Doumer et à la politique suivie pendant cinq années consécutives par cet homme qui était d'abord et avant tout français.

Lorsque le Gouvernement français a eu besoin de mes services, lors de la cession du territoire de Kwang-Tchéou-Wang, je n'ai pas hésité à me rendre dans la province de Canton où les hostilités étaient commencées entre Français et Chinois, et à faire la délimitation de notre nouvelle possession sous le feu des soldats chinois.

Enfin, pour répondre aux désirs officiels exprimés par les Représentants de la France, je suis resté à mon poste sur la frontière tonkinoise pendant les périodes les plus critiques, alors que ma santé et celle des miens exigeaient notre retour dans la Mère-Patrie.

M. Beau, successeur de M. Doumer, sans se soucier des intérêts de la France et de la Colonie, détruisit en trois mois ce que son prédécesseur avait fait et organisé au Kwang-Si. Il livra à la Cour de Pékin le seul mandarin qui, depuis quinze ans, servait dans son pays la politique française et dont le seul tort était de professer ouvertement une profonde admiration pour l'ancien Gouverneur général de l'Indo-Chine !...

L'auteur de la condamnation à mort du Maréchal Sou, non content de m'avoir fait perdre la situation prépondérante que j'avais au Kwang-Si, a encore voulu, d'accord avec le Dr Cognac, son chef de Cabinet, me ruiner. Profitant des moments douloureux que me valaient les agissements du Consul Dautremer, M. Beau essaya de me faire signer un mandat de 10.000 piastres pour solde de ce que le Gouvernement de l'Indo-Chine me doit moralement et matériellement.

Enfin, pour se soustraire aux responsabilités prises par les Représentants de la France, aussi bien en Chine qu'en Indo-Chine, M. Beau et son collègue de Pékin, M. Dubail, ont essayé de discréditer mes réclamations en m'accusant des actions les plus malhonnêtes.

Tel est le résultat auquel j'arrive après vingt années d'efforts incessants, de peines multiples et de dévouement à la cause française. Des engagements qui ont été pris envers moi, de la récompense qui m'a été tant de fois promise pour des services extraordinaires, il n'en est plus question. La calomnie remplace aujourd'hui les félicitations nombreuses de jadis, et pendant que l'ex-Maréchal Sou montre sur les routes de l'exil la Croix de Commandeur que la France lui conféra naguère, celui qui le livra à la vengeance de la Cour impériale, M. Beau, conserve la confiance du Gouvernement.

Pékin, novembre 1905.

G. Bertrand.

Consulat de France
à Longtchéou.

—

A. S. d'une proposition
pour le grade de che-
valier de la Légion
d'honneur.

—

Personnel et confidentiel

Lettre de M. le Consul de France
à Longtchéou
A M. BERTRAND, Ingénieur conseil.

———

Longtchéou, le 30 septembre 1901.

Monsieur,

A plusieurs reprises, j'ai eu l'occasion d'entretenir le Département des Affaires étrangères, notre Légation à Pékin, et le Gouvernement général de l'Indo-Chine de votre situation à Pinh-Shiang et des importants services que vous avez rendus à notre pays, notamment pendant ces derniers mois.

J'ai la satisfaction de pouvoir vous annoncer officiellement que M. Doumer a apprécié si vivement le concours dévoué que vous apportez à la cause française dans cette région frontière, que par une communication émanant du Gouvernement général et datée du 16 courant, j'ai été autorisé à vous dire formellement que vous avez été proposé pour le grade de Chevalier de la Légion d'honneur au mois d'octobre dernier. Cette proposition vient d'être tout récemment renouvelée par M. Doumer.

Je vous félicite bien sincèrement, monsieur, au sujet de la nouvelle proposition dont vous êtes l'objet et à laquelle je suis heureux d'avoir apporté l'appoint de ma modeste influence.

Je me plais à espérer, d'autre part, que notre Ministre en Chine aura bien voulu tenir le plus grand compte des démarches faites auprès de lui, en votre faveur par ce Consulat. Néanmoins et dans le but d'assurer à la bienveillante initiative de M. Doumer, le maximum de chance de réussite, je vais écrire incessamment à M. le Ministre de France à Pékin, pour le prier de vouloir bien user de sa haute influence concurremment avec M. le Gouverneur général de l'Indo-Chine, pour que vous receviez de notre gouvernement la récompense de vos services extraordinaires.

Je suis d'ailleurs persuadé, monsieur, que de votre côté, vous n'hésiterez pas à poursuivre jusqu'au bout la tâche qui vous incombe, de par votre délicate situation, et qui vous vaudra, je n'en doute pas, une distinction méritée.

Il est certain que la démarche que je vais faire auprès de M. Beau, aurait bien plus de poids si je pouvais y joindre l'assurance formelle que vous continuerez à guider de vos conseils aussi longtemps que l'exigeront les circonstances que nous traversons actuellement, le haut fonctionnaire chinois auprès duquel vous avez une incontestable influence.

Bien que je sois convaincu à l'avance, que tels sont vos sentiments, je serai personnellement heureux, d'autre part, de pouvoir faire connaître d'une façon certaine, à M. le Gouverneur général de l'Indo-Chine, que nous pourrons compter plus que jamais à l'avenir, sur votre persévérance et votre dévouement dans l'accomplissement de votre tâche à la fois si utile aux intérêts communs franco-chinois dans cette partie de l'Empire.

Enfin, en ce qui concerne votre situation matérielle au sujet de laquelle vous m'avez exposé verbalement et par écrit certaines considérations, je suis également autorisé à vous dire que l'appui du Gouvernement général de l'Indo-Chine, ne vous fera pas défaut le cas échéant.

Personnellement, j'ajoute, qu'à mon sens, vous n'avez pas lieu de vous inquiéter outre mesure à ce sujet, le contrat bilatéral enregistré en la chancellerie de ce Consulat, qui vous lie au Maréchal Sou, est très catégorique. Vous pouvez être assuré, que vous trouverez auprès de moi, s'il y a lieu, et quand vous le désirerez, un défenseur naturel de vos droits. Il m'incombe, en effet, au premier chef, le devoir de sauvegarder les intérêts de mes compatriotes dans la circonscription consulaire dont j'ai l'honneur d'être chargé.

Je me permets, toutefois, d'exprimer l'avis qu'une action quelconque, dans le sens sous-entendu ci-dessus, serait peut-être prématurée actuellement, *surtout dans votre propre intérêt.*

Je vous serai très obligé de vouloir bien m'accuser réception dès que vous le pourrez, de la présente dépêche.

Veuillez agréer, Monsieur, les assurances de ma considération la plus distinguée, et de mes meilleurs sentiments.

CULLIÉRET
Consul de France.

A M. BERTRAND,
Ingénieur-Conseil, de S. Exc. le Maréchal Sou,
à Pinh-Shiang.